U0197995

宜居道理

家居环境和布局的选择与宜忌分析

周德元◎著

团结出版社
UNITY PRESS

图书在版编目（CIP）数据

宜居道理 / 周德元著．— 北京：团结出版社，2014.12（2023.4 重印）
ISBN 978-7-5126-2937-0

Ⅰ．①宜… Ⅱ．①周… Ⅲ．①居家环境 Ⅳ．① X21

中国版本图书馆 CIP 数据核字 (2014) 第 148467 号

出　版：团结出版社
（北京市东城区东皇城根南街 84 号　邮编：100006）
电　话：（010）65228880　65244790（出版社）
（010）65238766　85113874　65133603（发行部）
（010）65133603（邮购）
网　址：http：//www.tjpress.com
E-mail：zb65244790@vip.163.com
tjcbsfxb@163.com（发行部邮购）
经　销：全国新华书店
印　装：三河腾飞印务有限公司

开　本：185mm × 260mm　16 开
印　张：15.75
字　数：377 千字
版　次：2015 年 1 月　第 1 版
印　次：2023 年 4 月　第 4 次印刷

书　号：978-7-5126-2937-0
定　价：48.00 元
（版权所属，盗版必究）

《中国神秘文化的辨析和省悟》丛书

总　序

数千年来，中国的神秘文化始终是国人挥之不去，却又无法令人全信的一种奇特的文化现象。至今尚未见到一个关于中国神秘文化的完整而严格的定义。一般而言，广义的“神秘文化”涵盖了许多领域：宗教、降神、招魂、驱邪、符咒、扶乩、谶书、五行学、奇门遁甲、命理学、卜筮、堪舆、相术、解梦、字占（测字）等，甚至传统中医和传统武术之中的一些神秘的东西，也可以纳入神秘文化的范畴。本丛书探讨的只是中国神秘文化中：命理学、卜筮、堪舆、相术等部分领域，并没有涉猎神秘文化的所有领域。所谓“国人对神秘文化挥之不去”，是指新中国成立六十余年来（甚至可以说从1919年的“五四”运动以来），历经破除封建迷信、提倡科学、“文化大革命”、改革开放等大的政治环境，神秘文化多次被批判、禁锢和鞭笞。但是，很多国人对神秘文化却始终不离不弃，总有一批信众和从业者或明或暗地在信奉和从事着神秘文化的种种东西。这刚好验证了列宁的一句名言：“千百万人的习惯势力是最可怕的势力”（《列宁全集》第四卷P. 200）。近十余年来，国内政治环境的宽松，给了神秘文化一个前所未有的扩张机遇。信众越来越多，专业或业余的从业者不再躲躲闪闪地潜伏作业，公开以预测学、信息服务的名义开设咨询顾问公司堂而皇之地公开挂牌营业。各种以前不能出版的书籍已经堂而皇之地出现在各个正规的图书馆和大小书店的书架上。这一点是近年来国内出现的“国学热”现象无法相比的。尽管许多大专院校纷纷开设面向社会招生的“国学班”，学员大多是白领或企业家们，但毕竟人数有限。而神秘文化却是数千年来既植根于普通民众（“草根阶层”），又得到达官贵人青睐的一种文化。二者的受众数量和从业人员数量都是不可同日而语的。二者的差异在于国学领域的从业人员叫学者、教授，而神秘文化领域的从业人员叫算命、看相、看风水的。

说神秘文化无法令人全信，是指在神秘文化的诸多领域中，如命理学、卜筮、皮纹学（相学）、堪舆学（风水学）、扶乩、测字等，其中有些领域建立了比较完整的理论体系，有些领域理论体系很不完整。但是，即使理论体系完整的领域，如在命理学领域中，有“子平术”、“紫微斗数”、“铁板神数”、“邵子神数”等诸多的分支，每个分支都有一套完整的理论和推算规则，都能根据一个人的八字（即所谓的“四柱”）或者他的出生年、月、日、时辰推算他的“命”和“运程”。问题在于，无论哪一个分支推算一个人的命运尚未见过百分之百准确的案例，在许多书籍和资料中只列举了算得准确的案例，或者是只列举了一个案例中部分准确的内容。这正是拥护神秘文化的人们所喜闻乐见的。至于那些不准确的案例或者一个案例中不准确的部分则略而不提。而这正是反对神秘文化的人们批判神秘文化的依据。当然，即使是现代科学实验和预测也未必会一次性百分之百的准确（最典型的代表是天气预报无法百分之百准确，地震预测更是“事后诸葛亮”）。但是，神秘文化只说“过五关斩六将”的辉煌，不说“走麦城”败绩的态度毕竟是有失偏颇和不科学的。而且，为什么能推算出准确的部分的，但理论依据却没有（或无法）交代清楚，给人一个“知其然，不知其所以然”的结果。导致这种状况的原因是多方面的，一是古代先贤们将许多核心的规则和技巧视为独家秘技，不加以公开，得到真传的弟子极少，给人以神秘感。二是这个领域中门派林立，各有一套规则，没有公认的通行标准可言，却各自都标榜为“正统”之学。对于推断出的结果不相同，甚至矛盾，只能用“仁者见仁，智者见智”来解释甚至搪塞。三是现在的极大多数从业者一知半解就行走江湖。（甚至有些从业者根本没有入门，就出来混饭吃，江湖上称为“吃开口饭”。）这种状况的结果必然是让前来求算之人难以对推算的结果全信。所以人们对神秘文化推算的结果普遍抱有：“不可不信，也不可全信”的态度。

至于对神秘文化的“知其然，不知其所以然”的现象，除了上述原因上，还有一种观点认为是必然的。广西的名中医李阳波先生认为：“世间的学问都是不究竟的，都是知其然的学问，尽管现代科技如此发达，但它仍然是‘知其然’这个层次上的东西，只有出世的学问才是究竟的，才能真正做到‘知其所以然’。”（参见李阳波先生的弟子刘力红等人整理的《开启中医之门——运气学导论》中国中医药出版社2005年版）李阳波先生是医易兼修的名医，他的话很有道理，值得我们去思考和探索。

笔者出于对传统文化的兴趣和爱好，二十余年来，涉猎了神秘文化的诸多领域：命理学、卜筮、五行学、皮纹学、堪舆学等。总结心得后最大的感慨是：神秘文化作为中国传统文化的一个重要组成部分，博大精深，内涵极其丰富。它是我们应该去理智地传承的一笔宝贵的文化遗产。不能因为神秘文化领域有一些糟粕类的东西或者被一些江湖人一知半解的歪曲而全盘否定它，更不应该简单粗暴地扣以“封建迷信”和“伪科学”的大帽子。《孟子·尽心下》云：“贤者以其昭昭使人昭昭，今以其昏昏使人昭昭。”毛泽东和邓小平都讲过：“以其昏昏，使人昭昭”是不行的。不少批判神秘文化是“封建迷信”和“伪科学”的人其实对神秘文化不甚了了，却以“唯物主义者”、“科学家”的身份挥舞着反对“伪科学”的大棒去批判神秘文化，这是典型的“以其昏昏使人昭昭”。这种做法本身就不是唯物和科学的。记得我国有一位当代著名的大科学家说过，人类在宇宙中还很年轻，许多自然界的现象，仅仅依靠人类现有的科学知识是无法解释的。因此，对于一些目前无法解释的现象，不应该简单地扣上“伪科学”、“迷信”的大帽子。笔者认为，这位大科学家的说法体现了一个严谨的学者应该持有的学术态度。

现代批判派认为《周易》倡导了神鬼思想。其实这是一种典型的“哈哈镜”现象。一个人本身并不畸形，但是由于哈哈镜本身的畸形，才使得照出来的人的形象发生畸形。如果详细研究《周易》全书中出现过的“神”和“鬼”这两个字，就能发现在《周易》中并没有倡导神鬼思想。例如，《周易》中是有几处出现过“鬼”字，如“高宗伐鬼方”、“震用伐鬼方”、“载鬼一车”等。这里的“鬼方”是指殷商时代西北边疆上的少数民族部落和国家，不是我们现在理解的那个“鬼”。只是由于春秋战国时代的阴阳家们“舍人事而任鬼神”，这才使《周易》中的阴阳概念含有了鬼神的色彩而变质。因此不应该给《周易》扣上一顶“倡导神鬼思想”的大帽子。就像毛泽东著作中把反动派比作“牛鬼蛇神”一样，绝对不能因此说毛泽东信奉神鬼。

阴阳家们将《周易》理论神秘化，有主观原因也有客观原因。主观原因是他们希望营造《周易》理论神秘的氛围，让信众们有敬畏之心，这样便于他们获得当时那些帝王和权贵的重用，以此为谋生的职业。客观原因是即使许多阴阳高手能比较准确地预测，但无法说清楚为什么能预测准确的根据，因此只能将之归结为神鬼的旨意。这有点像英国的大科学家牛顿，他在晚年因为无法科学地解释一些自然现象，只能解释为神的旨意。

上述神秘文化的各个领域都可以让人感受其博大精深。例如，卜筮是《易经》的基本概念，也是伏羲最初创立八卦的目的。如果没有八卦，以及从周文王八卦推演得到的六十四卦，《易经》也就无从谈起。"皮之不存，毛将焉附"。"象数派"作为易经两大流派之一，侧重于预测学的研究和探索，将六十四卦用于推断事物、人的状态和事件。这是回归到伏羲创立易经的本源。而易经的另一流派"义理派"则属于哲学范畴，从哲学层面来诠释六十四卦的卦辞、三百八十四爻的爻辞。它的研究已离开了伏羲创立易经的初衷，却另有一番天地。它的内容与一般意义上的神秘文化涉猎的内容截然不同。

遗憾的是，在古人留下的神秘文化的众多典籍中对许多关键问题、规则和技巧往往没有明明白白地交代清楚。其原因之一是为了保密，防止自己门派的秘技、秘诀外传。另一个原因是典籍的作者本身对有些关键问题也不甚了了，无法写清楚。神秘文化的各个领域普遍存在这个问题。在命理学、皮纹学、堪舆学等领域这种现象更为突出。这正是造成其"神秘"的主要原因之一。这对于神秘文化的传播、传承和发展极其不利。进而产生了误导大众的后果，将信众和从业者引入误区。这些误区伴随着神秘文化的形成同时出现。时至今日，由于神秘文化数千年来的传承和传播一直受到局限，各种关于神秘文化的书籍鱼龙混杂，再加上相当多的从业者对神秘文化一知半解的歪曲，因此这些误区不仅没有消除，反而更加扩大。直白地说，现在较之过去更加"迷信"。

神秘文化是中华民族文化遗产宝库中分量很重的一部分，我们应该理智地学习和传承。笔者撰写"中国神秘文化的辨析和省悟"系列丛书的目的之一是，将神秘文化部分领域（命理学、易经、卜筮、皮纹学、堪舆学等）的有关知识和规则进行系统的归纳、分类和比较。其二是将神秘文化各个领域中的问题和误区加以辨析。告诉读者既不能盲目地迷信它，甚至走火入魔；也不应该因其神秘而简单地扣上"封建迷信"、"伪科学"的大帽子棒杀之。如果本书能起到这个作用，则笔者的心愿足矣。

笔者撰写本套丛书的宗旨是：力求内容完整和系统，写作立场保持严谨和客观，通过辨析得到真实的省悟。

《宜居道理——家居环境和布局的选择与宜忌分析》

前　言

在笔者完成了《中国神秘文化的辨析和省悟》丛书的《命理天机》和《易源易法》两本书之后，本来打算接着编写有关铁板神数的一本书，因为笔者在铁板神数上花了很多的时间和精力，值得一书，书名已确定为《铁板之疑》。但是一些朋友和家人认为，铁板神数只是命理学的另一个分支，了解的人很少，受众面很窄。建议笔者先写现在人们更热衷的风水和相学方面的书。笔者认为言之有理，于是便将研究宜居环境的理论作为这套丛书的第三本书，因此本书定名为“宜居道理”。

古代风水学是很值得研究探索的神秘文化中的学问之一。但是，由于外部环境对风水学多年来的禁锢，以及江湖上职业风水师们有意无意地将它神秘化，使得人们对风水的真实内涵不甚了解。例如，自古以来，一提起看风水，人们自然会在风水先生的前面加上“阴阳”二字，于是看风水的人成为了阴阳风水先生。而一提起“阴阳”，几十年来人们自然会认为这是封建迷信的东西。然后有些人就不分青红皂白加以排斥、批判。于是，风水与迷信成了同义词。当然自古以来，风水从来都不乏受众，即使在极“左”思潮冲击一切的传统文化的“文化大革命”时代，依然有人相信风水，并有人偷偷地在从事看风水的职业。

笔者认为无论肯定或否定某一事物，都需要对它有相对深入的了解之后才能作出定论。否则，这样的“肯定”是盲目、盲从，或者这样的“否定”是苍白无力的，无法让人信服。

笔者是学理科专业（数学）出身，因此主张研究需要严谨，应该重视对理论的论证和实践验证。在对古代风水学理论研究并实践之后，笔者认为，古人留下来的风水理论体系中确实有许多属于糟粕甚至荒唐的东西，但是大部分理论是根据当时社会的结构形态、环境对人类的影响和人们对居住环境的需求归纳总结出来的，这些理论不是迷信，而是一门研究人们宜居环境的学问。对于糟粕毫无疑问必须摒弃，更不能盲从。但对于古代风水学理论体系中合理的部分完全可以用来指导我们选择和改造宜居环境。更重要的是，现代的人居环境与古代发生了很大的变化，因此，仅仅依靠古代风水学理论体系中合理有用的部分是不够的，需要归纳、总结、延伸出现代人居环境所需的理论和规则。从这个意义上说，已经不再是人们常说的“风水学”，而应该称为“宜居学”。也不会像人们习惯性地给“风水学”冠以“阴阳”二字，成为反迷信的靶子，因为不会有人习惯性地在“宜居学”之前冠以“阴阳”二字。避免成为反迷信的靶子。

笔者研究古代风水学的原则是：“摒弃糟粕内容、采用合理规则、增加现代规则”。例如，1997年初春，在上海为一个拟建的安放骨灰盒的墓园看风水时用到了“玄空九星”理论中的一些简易方法，没有照搬其他一些庞杂的东西，实际证明是准确和有效的。又如，2002年去美国参加一个会议期间，为一个美籍华人看了他用于国际航空货运的大仓库的风水，笔者认为该仓库的主要进出通道口不得当，事实证明，他的公司确实发生了一些很不好的事情，一年之内公司高管层中有多个家中有亲属去世。但笔者并没有采用那些玄乎的方法，只建议他用简单的措施加以化解。这些案例让笔者对古代风水学的认识进了一步。笔者只是将古代风水学作为传统文化领域一个学术研究的课题，不想成为江湖上那些职业风水师去忽悠别人。那次在美国期间，曾经听说，近年来西方人也开始相信中国的风水术。美国的朋友告诉我，微软公司在洛杉矶的分公司就是花了不低的代价（六位数美元）请一位华人风水师看过风水。当时网络还没有现在这么发达，因此只是朋友口头说说。最近有的易经风水网站上说，比尔·盖茨确实是相信中国风水术的，2008年北京奥运期间他在中国租的房子就请了风水师看过。

笔者认为一个真正严谨有水平的风水先生，就应该把其中的道理也告诉对方，让对方明白“所以然”。这样做只会让人信服，不会失去他的市场。但是由于主观和客观原因，风水先生很少会将其中的道理告诉他的客户。因此，人们对江湖上看风水的先生有三种态度：深信不疑、半信半疑、根本不信。

那些否定、反对风水学的人们认为风水学说的有些东西看不见也摸不着，因此就是唯心主义和封建迷信。笔者认为这是狭义唯物论。宇宙之中有很多看不见摸不着的东西，对它们进行研究未必都是封建迷信。至于有些风水理论涉及了鬼神之说，那不能代表风水理论的全部，在批判风水学时，不应该以偏概全。而且，笔者相信在很多批判者的潜意识中，也会或多或少地有一些宜居的需求。例如，他们在购买或租用房屋时一定会考虑居所四周的环境，肯定不愿意选择在靠近墓地、高压线、垃圾站、悬崖等附近。即使不是说怕那样的居所会影响自己的运程和身体健康，至少也会认为会影响心情。孟子云："君子不立于危墙之下"。（《孟子·尽心》）大概不会有人认为孟子的这句话也是迷信吧。其实风水理论就是告诉人们在购买或租用房屋时为什么要这样选择的道理。根本没有任何神鬼、封建迷信的因素在内。

令人遗憾的是，自古至今江湖上的一些风水先生确实在看风水时兜售那些神鬼、封建迷信的东西。他们既传承了风水学，让风水理论延续至今，但又是他们让风水理论蒙上了封建迷信的色彩，授人以柄。还是笔者在前面两本书中引用的一句话："成亦萧何，败亦萧何"。

风水的初始意识出现于早期的农耕社会时代，源自古人"天人合一"的理念，提倡人与自然的和谐，人类需要并有可能自我完善居住和生活的环境。因此在早期涉及的风水理论和实践主要是对居住和生活场所的选择和改造，这也就是后来风水界所说的"阳宅风水"。这部分的风水理论根本没有任何神秘和所谓的封建迷信成分。差不多在同时，由于古人认为人和鬼分别在阴阳两界存在（当然古代也有"人死如灯灭"的说法），死去的人成为了鬼，也需要好的居住环境，并可以护佑后代子孙。正是出于对先人的尊敬和怀念，以及对后代寄予期望，风水理论中又出现了对安葬先人墓地的勘察和建造的内容，即所谓的"阴宅风水"。因此，风水理论体系中增加了与此有关的东西，使得风水理论益发神秘起来。正是这些东西使风水学成为了无神论者批判的靶子。这里有一个认识上的误区，只要一说"阴阳"，必然会去联想到封建迷信和鬼神。其实，他们曲解了"阴阳"的真正内涵。例如，在中医理论中，阴阳学说比比皆是，例如，中医所说的阴阳是指人体的组成（如经络）、得病的起因、治疗的方法等，与鬼神根本风马牛不相及。

笔者要声明的是，本书对是否真的有鬼神的问题不作探讨，那是另一个领域的课题。

本书梳理了古代风水的发展历史，分析了古代风水学理论体系中的诸多误区，整理了古代风水理论体系中一些合理的规则和方法，并介绍了笔者本人对古代风水理论的认识，但不包括古代风水理论体系的全部内容。因为笔者更倾向于研究“宜居学”。例如，风水界著名的“玄空飞星”理论本书不作详细讨论。因为太玄的东西既需要很专业的理论，也很难普及，笔者不想浪费读者的时间和精力。确有兴趣的读者可以继续探讨。笔者只是将古代风水基本理论和笔者实践过的一些案例告诉读者。希望读者能对古代风水理论有一个完整、不偏颇的理解，既避免“人云亦云，不知所云”地盲从，也避免“以其昏昏使人昭昭”式地挥舞批判大棒全盘否古代定风水学。这正是笔者将本书的书名定为《宜居道理》的原因。也许本书的读者在阅读本书之后能明白自己的居所和工作环境的宜和忌，不必再去求助于江湖上的那些所谓职业风水师，“自己的宜居环境自己做主”，这是笔者编写本书的初衷。

目录

第一章

古代风水学内涵、发展和传承

什么是风水?《辞源》的解释是:“指宅地或坟地的地势、方向等。旧时迷信,据以附会人事吉凶祸福。”《辞海》的解释是:“指住宅基地、坟地等的地理形势,如地脉、山水的方向等。迷信的人认为风水好坏可以影响其家族、子孙的盛衰吉凶。”这两种解释应该算是现代的权威了,但是由于受出版的时代影响,都给风水扣上了“迷信”的大帽子。而且,这两种定义都片面理解风水的内涵,在一定程度上误导了世人。因为,风水的内涵绝不止这些,应该从古人倡导的“天人合一”的思想去解读风水。

第一节 古代风水学的内涵

古人对“天人合一”的思想有很多论述，值得我们去学习和领悟。自古以来，人类在天地之间这个自然环境中繁衍生息。因此研究这个自然环境对人类的影响，思考如何让人类与自然环境和谐相处应该是无可厚非的。老子云：“人与天地并列为三，无天地，无以见生成，天地非人无以赞化育。”又云：“人法地，地法天，天法道，道法自然。”古人还说：“良禽择木而栖”。连鸟兽都知道需要选择好的栖居环境，人类更需要选择好的宜居环境，而且还可以进一步根据需求建造或调整原有的居住环境。就这个角度而言，何来迷信的成分？

从认识论的角度看，笔者认为，绝对的肯定是一种“迷信”。但不分青红皂白绝对的否定也是一种“迷信”，批判者也会堕入迷信的误区。

简单地说，风水包括了“风”和“水”两个组成部分，当然二者是紧密相连的。古人认为：“风水之法，得水为上，藏风次之。”

“风”是宇宙间“气”① 的存在和流动的状态。国外有人研究证实并用特种摄影技术拍摄到了一种叫“那第斯”的东西，就是人们所说的“气”。它的成果是指人体外表存在着一层肉眼看不见的气场，它由人体本身产生的能量流不断流动形成，这种能量流所交织而成的维持生命所必需的“气”。这种气场相当于给人体加了一个保护层，它的聚集对人体大有益处，如果聚不拢而分散，则人体就会受到外界不良因素的侵袭而得病。国外的这个研究成果与中国古人关于“藏风聚气”的理论相当吻合。在对“风”勘察时需要关注“气”进出之处，风水学称之为“气口”。

“水”是指一个地域中的水和水流的状态和流向。在《简易经》中关于“水”有专门的论述：“研地说：一雾水，二风水，三山水，四丘水，

① 笔者注：这个“气”不是现代所说的空气。

五泽水，六地水，七少水，八缺水，九无水。”在对“水”勘察时也需要关注水和水流进出之处，风水学称之为“水口”。水流入之处为“天门”，流出之处为“地户”。古人认为水主财。因此，若天门开启，则会有财富来；若地户关闭，则财富用之不竭。

虽然后来普遍认为是郭璞最早在《葬书》中第一个正式使用了“风水”的说法。但从严格意义上说，“风水”一词最早出于伏羲时代，“风水”这个名词最早出现在《简易经》① 中。太昊伏羲根据自己研创的简易图，推理出地球有过一段是风与水的时期。上面提到的《简易经》所说的那段话中的“风水”一词，应该是风水的原义。

还有一种说法认为，风水的创始人是九天玄女，但九天玄女只是传说中的人物，缺乏具体的实证。笔者认为风水成为一门学问应该是起源于战国时代。客观地说，风水的实质是一种相地之术，是一种广义的“相术”。即是用来勘察人们居住和生活场所地理状况的一套规则和方法，也叫地相，古称堪舆术。它的本质不是迷信的。是古人为了选择、适应、改造居住和生活环境而创立的一门学问。它的理论体系包括一系列的理论、规则和方法，是经历了数百年甚至上千年的时间逐步完成的。它既不是主观臆造出来的，更不是天上掉下来的。它的核心是围绕着“人”这个主体，追求人与自然环境的和谐与统一，进而达到“天人合一”的境界。即使在现代，人类仍然在追求人与自然的和谐与统一。现代日益突出并引起重视的环境保护就是为了保护人类自己所采取的措施之一。

应该是从 1919 年的“五四”运动反封建迷信开始，有不少人将风水学视为唯心主义的东西，是封建迷信。近年来，抨击风水学是迷信的声音小了许多，但是罩在风水学头上的阴影没有消散。对我们老祖宗留下的学问是否正确理智地对待，我们甚至不如国外的一些学者和有识之士。

---

① 笔者注：《简易经》又称《简易道德经》、《五字经》，是一位叫齐伯的研究者在陕北隐居期间花了 39 年的时间整理出来的。据他说《简易经》的出现比《周易》和《道德经》还要早，是伏羲时期的作品，记载了许多伏羲的言行。对此，笔者是有疑问的，伏羲时期的作品是以什么文字形式传承下来的？因为伏羲创立八卦只是符号体系，没有文字，因为当时还没有形成完整的文字体系。

英国著名的研究中国古代科学史的权威李约瑟博士曾高度评价中国古代的风水，称之为准科学，是中国古代的景观建筑学。他说："风水是准科学。这种判断是比较公允的。"美国城市规划权威开文·林奇在其代表作《都市意象》一书中，称风水学是一门"前途无量的学问"，等等。

中国传统文化的各个领域的源头都是出自著名的"河图"、"洛书"。风水学也不例外，它的主要内涵之一就是融入了易经的知识。它与八卦的关系十分密切。既用到了八卦的"数"，又用到了八卦的方位。后面将要介绍的风水学领域早期的典籍《青囊经》中就有："用八卦，排六甲，布八门，推五运，定六气，明地德，立人道，因变化，原终始。此之谓化成。"风水的理论体系中贯穿了后天八卦的方位理论。

《易经》中阴阳平衡理论和辩证思维都是风水学的根基。风水学用《易经》的理论来指导人们如何勘察、建造、改善居住和生活场所的环境，从而达到"天人合一"的境界。在风水理论中有两个概念："中"和"对称"就是易经的思想体现。古人认为"中者，天之正道。"因此，在选址、布局和规划建设一个城市或一个建筑群时很注重中轴线、方正等概念。例如，北京市整个城市和那些四合院都体现了这一点。古人有："天地位焉，万物育焉"、"天人相助，而致中和"等说法。

《道德经》说："道生一，一生二，二生三，三生万物"。是指宇宙初期处于混沌状态（即，太极，也就是"一"），然后分出"阴和阳"、"天和地"（即所谓的"二"）；接着出现了"人"。天、地、人就是所谓的"三"。有了天、地、人，便有了世间万物。风水理论中贯穿了这个理念。而且，风水学领域无论哪一个流派，有一点是共同的，那就是以人为核心，"以人为本"。离开了人，风水学的那些规则和方法毫无用处，它的实践没有任何意义。

最早研究风水学的书籍还有一部《青囊经》①，相传是秦末汉初的五大隐士之一的黄石公所著，这个黄石公就是传说中刘邦的谋士张良的师

① 笔者注：历史上有两部书都叫做《青囊经》，一部是风水领域的，另一部则是东汉时代名医华佗的医书也叫"青囊经"，这部医书没有完整的传下来。二者是不同领域的典籍。

傅。该书根据中国古代哲学思想的传承，为后来的“风水学”奠定了理论体系的基础。该书仅410个字，分上、中、下三卷，论述了风水与易经、五行、阴阳、紫微、七政、星象、奇门等理论的关联。书中言简意赅，不弄玄虚。现在流传下来的风水学著作，被后世的风水师们添加了很多额外的东西，导致风水学神秘起来。由于《青囊经》被视为风水学的鼻祖之作，因此风水又称为“青囊”。

在中国古代有的典籍称为“经”，有的典籍称为“论”，二者的内涵和学术地位是不同的。只有典范著作及宗教典籍才能被尊称为“经”，而被称为“论”的著作其学术地位则要逊于“经”。例如，在医学典籍中，最高地位的是《黄帝内经》，它是论述医道的著作，而医圣张仲景的代表作只能称为《伤寒论》，不能称为《伤寒经》。由此可见，风水领域的《青囊经》的学术地位是很被尊崇的。

下面是论述风水的《青囊经》全文。

青囊经

上卷

天尊地卑，阳奇阴耦，一六共宗，二七同道，三八为朋，四九为友，五十同途，阖辟奇耦，五兆生成，流行终始，八体洪布，子母分施。

天地定位，山泽通气，雷风相薄，水火不相射，中五立极，临制四方，背一面九，三七居旁，二八四六，纵横纪纲，阳以相阴，阴以含阳，阳生于阴，柔生于刚，阴德洪济，阳德顺昌，是故，阳本阴，阴育阳，天依形，地附气，此之谓化始。

中卷

天有五星，地有五行。天分星宿，地列山川。气行于地，形丽于天。因形察气，以立人纪。紫微天极，太乙之御，君临四正，南面而治。天市东宫，少微西掖。太微南垣，旁照四极。四七为经，五德为纬，运斡坤兴，垂光乾纪。七政枢机，流通终始。地德上载，天光下临。阴用阳朝，阳用阴应。阴阳相见，福禄永贞。阴阳相乘，祸咎踵门。天之所临，地之所感。形止气蓄，万物化生。气感而应，鬼福及人。是故天有象，地有形，上下相须，而成一体，此之谓化机。

下卷

无极而太极也。理寓于气，气囿于形。日月星宿，刚气上腾。山川

草木，柔气下凝。资阳以昌，用阴以成。阳德有象，阴德有位。地有四势，气从八方。外气行形，内气止生。乘风则散，界水则止。是故顺五兆，用八卦，排六甲，布八门，推五运，定六气，明地德，立人道，因变化，原终始。此之谓化成。

后世的风水大家许多风水学著作的源头都是出自这本《青囊经》。诸如，晋代郭璞的《葬书》①，唐代杨筠松的《奥语》、《天玉》，明代蒋大鸿的《青囊经注》等。

但是，"风水"这个名词在《青囊经》没有使用，而是在晋代郭璞所著的《葬书》书中采用了"风水"这个名词："葬者，乘生气也"。"气乘风则散，界水即止。古人聚之使不散，行之使有止，故谓之风水"。但郭璞并不是第一个使用的，笔者在前面曾介绍过，"风水"的提法最早出现在《简易经》中。

风水还有一个叫法是"堪舆"。所谓"堪"，是指地形而言，有地突之意；所谓"舆"，是指"承舆"，即研究地形地貌之意。

古代也有人将风水学称为"地理学"，因此，风水先生也被称为"阴阳地理先生"，或"地理先生"意即风水师是研究地形地貌之理的。

在古代，风水术还有两个字形很相近的名称："青鸟术"、"青乌术"②。这两个名称都与古人对太阳的崇拜有关。古人将太阳的升起和落下比作像鸟一样在运动，因此称之为"太阳鸟"，这个习惯沿用至今。例如，山东省日照市北京路的中段塑造了一座"太阳鸟"雕塑。又如，国内知名的游艇制造企业之一就是叫做"太阳鸟游艇股份有限公司"。

"青鸟术"出自《轩辕本纪》（唐·王瓘）："黄帝始划野分州，有青鸟子善相地理，帝问之以制经。"在远古时"三皇五帝"中"五帝"之一的少昊建立了一个以百鸟之王凤鸟为图腾的氏族部落式的少昊之国。该国的官职名称冠以百鸟之名，其中"以青鸟司启，管理立春和立夏"，

① 笔者注：历史上有许多古籍关于原作者是谁一直有争议，例如，有人认为《葬书》是别人托名郭璞而写的，本书不作考证。在郭彧先生的《风水六问》（华夏出版社，2012年版）一书中对此作了比较可信的论述。

② 笔者注：现在已经很少有人使用上面两个名称，但作为了解风水学的渊源，我们应该有所了解。

是负责历法和计时的官员。这是农耕社会从事农业生产的需要。

“青乌术”的名称则是出自古人对太阳黑子的观察和认识。古人观察到太阳有黑子，称为“日中有乌”。并把“金乌”作为太阳的别名，也称为“赤乌”、“三足乌”。古人意识到太阳的黑子对人类的生活、生产有影响，因此在选择居住和生活环境时需要根据太阳的状况作出判断。

第二节　古代风水学的发展和传承

远古时代的先人已经在选择居住和生活环境时有了风水意识。1953年春在西安市发现的半坡文化遗址是新石器时代仰韶文化母系氏族聚落遗址，距今已有5600—6700年左右。遗址中的建筑结构有半穴居和地面木架建筑两类，都可以看出其中的布局已经有了风水意识的合理性。而且当时的人们已经将居所和墓地分开安排。延续至今，人们熟知的“关中十大怪”之一的“房子半边盖”留下了古人风水意识的痕迹。

商周、春秋、战国时代勘察风水开始正式成为一种工作和职业，有了“卜宅”的说法。例如，周代的公刘在迁居时对居住地的选择要求是“既景乃冈，相其阴阳，观其流泉。”（《诗经·公刘》）又如，秦惠王同父异母之弟樗里子，生前将渭南章台之东选作自己死后的墓地，并预言：“后百岁，是当有天子宫夹我墓。”到了汉代果然出现了长乐宫在其东，未央宫在其西的情况（司马迁《史记·樗里子传》）。

经过春秋时期的“百家争鸣”，各种学术思想日趋完善和成熟。阴阳、五行、太极、八卦、星象等理论形成了比较完整的理论体系。有了这些理论体系作为基础，到了汉代，风水术不仅仅局限于择地、卜宅、择日等行为层面，也开始上升到理论层面，出现了论述风水的著作。在《汉书艺文志》中提到了《堪舆金匮》、《宫宅地形》等著作，可惜它们已经失传。例如，现在人们依然经常使用的一句话：“太岁头上动土”，就出自汉代王充的《论衡·难岁篇》：“移徒法日：‘徒抵太岁凶，伏太岁亦凶’。”王充在该书中对现在还有人在使用的“择日”规则作了详细的描述。

到了魏晋南北朝时代，风水术真正形成了完整的理论体系。不论《葬书》是否真的是晋代郭璞所著，但郭璞在风水学的理论造诣和实际案例得到了世人的称颂，被尊为风水界的祖师。还有一本《葬书锦囊经》

据说也是郭璞所著。三国时代被奉为占卜和相术的祖师管辂，除了精通占卜和相术外，在风水界的地位也很高。他出现的时间比郭璞稍早，著有《管氏地理指蒙》① 研究中国古代科学史的英国著名学者李约瑟认为《管氏地理指蒙》是风水学的经典著作。管辂被后人尊为风水界的宗师。在那时风水师已经正式成为一种职业，而且受人尊敬。在这个时期还有一部很出名的著作——《黄帝宅经》。经现在的学者考证后确认，此书不是黄帝写的而是在五代时期的风水术士的托名之作。它在风水史上占有一席之地。后来的风水术士经常引用此书的理论，清代的《四库全书》也收录了它。

在唐宋时代，风水术日益盛行，《葬书》广为流传，特别是作为勘察风水主要工具的罗盘开始广泛使用。当时许多知名的术士李淳风、一行禅师等人也开始了风水学领域的研究和实践。例如，李淳风推动了风水界对山川地形地貌的勘察、一行禅师提出了磁偏角概念，等等。杨筠松所著的《青囊奥语》，应该是风水学已经形成了一套理论体系的重要标志。

除了易经外，太极、阴阳、五行、星象等理论已经被融入了风水理论体系。由于唐代统治者的原因，当时佛道盛行，佛道学说也对风水学产生了影响。其中突出的标志是道家关于“气”的理论，虽然已经融入了风水学，但从唐代开始，“气”的理论成为了后来风水学理论体系核心理论之一。与其他学术一样，对于理论体系中的各种理论会出现“仁者见仁，智者见智”的状况，于是风水界开始形成了各有侧重的流派。主要的流派有两个：一派叫峦头派，也称为江西派或形势派；另一派叫理气派，也称为福建派或宗庙派。每一派都有各自的理论和规则。

峦头派的理论以“形”和“法”为主导，注重于地形、地表、地势、地气等因素，观察土壤及山川走势和来龙去脉，追求审美意境，所以对山青水秀之处情有独钟。主要的参考典籍有《葬书》、《疑龙经》、《撼龙经》等。

理气派则注重于阴阳、干支、八卦、河图、洛书、星宿、生肖等理

---

① 笔者注：也有人认为这本书与《葬书》一样，也是他人托名之作。

论，从时间和空间两方面考察地和地磁变化、附近的动植物与人的关系。主要的参考典籍有《青囊序》、《天玉经序》、《天玉经》、《催官篇》、《青囊奥语》等。

江西派尊崇赣州的杨筠松为祖师，代表人物还有曾文迪、赖大有、谢子逸等人。据说杨筠松是掌管灵台地理之官，位居金紫光禄大夫。他在黄巢起义的混乱之时，得到了视为风水禁书不得外传的《玉函经》秘本逃隐民间，成为职业风水师。他所著的《疑龙经》、《撼龙经》、《葬法十二杖》、《青囊奥语》等著作，形成了风水理论的核心。该派的学术特点是先以山川的起止为主体，再以龙、穴、砂、水、向等因素相匹配。时至今日，风水界都知道江西赣南地区风水术盛行，据说出了多位风水大师级的人物。笔者在数年前遇见一位江西赣南籍的企业家，据他说，他的家族有风水传承，拥有家传的风水秘笈。曾答应给笔者一份复印件，但由于他忙于生意，结果不了了之。

理气派侧重于“气”的研究。关于“气”到底是什么，自古至今一直有争议。主流的观点认为，“气”在自然界是指“生气”，是孕育宇宙万物之气，是万物根源；在人体中则是主宰健康状态的“元气”。理气派提出形势为体，理气为用，体用结合的理论。根据时间和外部空间的变化，研究人体与地理、气候、地极之间的相互关系。据说“气”的起源可以追溯到周公（姬旦）。郭璞的风水理论也包含了关于“气”的内容。从唐代开始由于道家地位得到提高，所以“气”成为风水理论的核心之一。到了宋代，理气派正式创立。该派主要福建一带活动，所以世人也称它为“福建派”。

由于“气”看不见、摸不着，因此它成为一些人批判风水学的封建迷信、唯心主义的靶子。时至今日，即使在中医界和武术界，气功依然在被一些人批判说是“伪科学”、“迷信”。而且在社会上确实有那么一些假冒的“气功师”在造假和行骗。但这不足以判定“气”是迷信的东西。

风水术在明清两代发展到了高峰。理气派的核心理论之一“玄空九星”就是在此期间出现的。清代的风水大师沈竹礽在前人刘伯温、蒋大

鸿等人的理论基础上撰写了《沈氏玄空学》①，使得“玄空九星”成为一个完整的体系。“九宫飞星”以九星的运转来决定“生气”状态的理论。所谓“九星”有两种定义，其一，九星指太阳系中太阳、月亮和地球的七大行星②。第二种说法是北斗七星和位于旁边的左辅星和右弼星组成了九星③。在风水学中这九颗星又称为紫白飞星，即：一白水星，二黑土星，三碧木星，四绿木星，五黄土星，六白金星，七赤金星，八白土星，九紫火星。该书是风水界很重要的经典之一。目前在香港的风水师大都是属于“玄空九星”一派的，他们每年都会出版当年的风水、运程的手册。读者可以自行学习研究。应该说，香港有些风水师确实是有真才实学的，他们的书水准较高，但并不是说香港全部风水师都有高水准。

笔者曾经在20世纪90年代花了一段时间学习过“玄空九星”，后来也用它实践过一些案例。其中一个案例在本书的前言中曾经提到。但是，笔者认为，这套理论更适合职业风水人士，而且掺杂了一些神秘化的东西，已经脱离了寻求和构建“宜居环境”的宗旨。笔者毕竟不是职业风水师，只是一个研究者。因此本书对“玄空九星”不作重点介绍。有兴趣的读者可以继续深入学习研究。好在这套理论比较完整和公开（只有少数所谓的“秘法”），不像命理学领域有些术数那么神秘（如铁板神数），完全可以自学并运用。

由于风水师很吃香，导致许多不学无术的冒牌风水师和江湖术士混迹江湖，为了谋生而欺骗世人，把本来是一门相对公开的风水学问搞得神神秘秘，败坏了风水的名声，对本来应该走正道传播的风水学造成了很大的伤害。当然，风水理论缺乏统一的标准，各人可以自由理解和发挥，也是导致风水界与神秘文化的其他领域一样处于鱼龙混杂的局面各种真假难辨的风水书籍广为流传的原因。

---

① 笔者注：沈竹礽生前尚未完成《沈氏玄空学》全书，后来由其子沈瓞民整理其父手稿最后完成。

② 笔者注：在产生玄空九星的年代，对于太阳的行星理论尚未出现。因此这种解释不足为凭）

③ 笔者注：所谓“北斗七星”是指，贪狼、巨门、武曲、禄存、廉贞、文曲、破军等七颗星，加上左辅、右弼两颗星，共为九星。它们在命理学中也很重要，有兴趣的读者可以参阅笔者的《命理天机》一书。

到了20世纪后期，由于意识形态等多方面的原因，风水更是成了封建迷信的同义词，日渐式微。但即便如此，社会上相信风水的受众和风水从业者始终没有绝迹。中国改革开放后的宽松环境，使得潜伏多年的风水理论和从业人士浮出水面。甚至一些建筑类院校和科系开设了现代建筑风水学的课程，让禁锢了多年的风水学开始登堂入室。现在许多人谈论风水问题，已不像过去那么遮遮掩掩了。

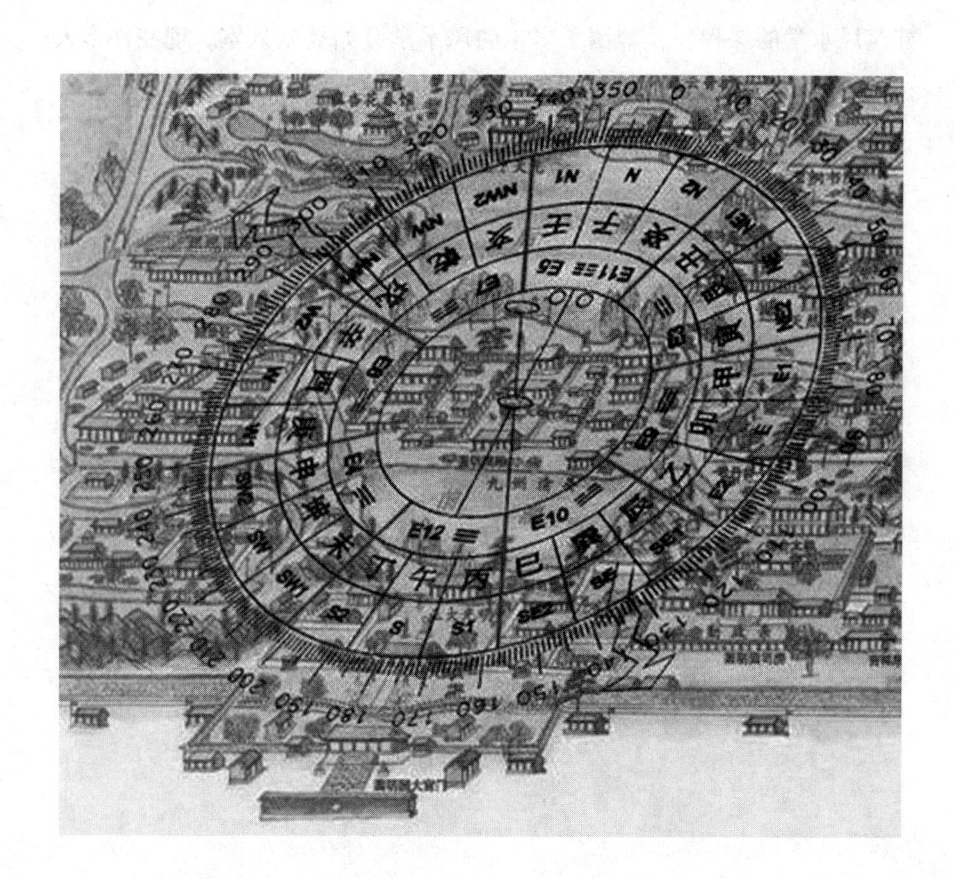

340 350 0 10 20 30
320 330
310
E11 E5
E10
E12
S1 S2
S
午 丙 巳 丁 未
子 壬 亥 乾
寅 甲 卯 乙
庚 申
200 190 180 170 160 150

第二章 古代风水学中的误区需要重新认知

风水术流传了上千年，任何一个朝代都没有订立过风水理论的标准体系。百花齐放无疑是好的，便于融入其他传统文化的各种知识，也利于风水理论自身能自由地向多个方向延伸和发展，从而产生了风水界多个流派。但是，由于没有统一的标准体系，因此出现了两方面的问题，其一是风水理论自身的发展呈现出无序、难以规范的状况。各派风水理论中的规则和方法基本上一成不变，没有能随着社会的发展而及时加以修正。其二是风水术的受众无法确定给他勘察风水的风水师是否真有水平，他指出的问题和提出的改造风水的建议是否正确，能否采纳。实际情形往往是，或者盲目相信，或者半信半疑，或者完全不信。

第一节 古代风水学的理论不应该一成不变

自古以来人类希望生存环境安全、和谐，追求“天人合一”是境界。风水学正是由于这样的需求而产生的，并历经上千年形成了比较完整的一套理论体系。这套理论体系中的各种规则和方法来源于人们长期观察自然和改造客观生存环境的实践和总结。古代的风水规则和方法是在当时的时代背景下产生的，适用于那个时代。但是，社会在数千年的历史长河中不断地发展、变化，人类对生活追求和相应的生活方式在不断地改变，民间文化习俗在不断地演变。时至今日，现代社会早已不是初期的农耕社会。因此，古代的风水理论体系也需要顺应时代的变迁而加以修正和改变。这个问题在传统文化的多个领域中普遍存在，却恰恰被人们忽视。笔者曾经在本套丛书的前面两本书《命理天机》和《易源易法》中都分析并强调了这个问题。风水学也不例外地存在着因时代变迁而出现的误区。下面是对几个主要误区的分析。

一、对墓葬（阴宅）风水的认知

古人出于对先人的怀念和尊崇，以及希望后代能得到先人庇护的愿望，因此无论哪个社会阶层，上至以帝王为首的统治阶层，下至平民百姓都十分重视对先人的墓葬选择和建造。这是一种特有的中国文化传统。所以在风水学中有很多关于选择墓地和建造墓葬的理论。但即便是选择了最佳墓地，建造了最好的墓葬，历史上也没有一个家族（包括历代帝王家族）能延续数百年，甚至上千年而长盛不衰。究其原因，笔者认为，好的墓地和墓葬只是搭建了一个好的硬环境，还需要好的软

环境，好的阴宅风水才能真正有效，并长期发挥作用。这里所谓的“软环境”是指希望得到先人庇护的后人自身的运程、行为操守等。但是，没有一个风水师会告诉他的客户这一点。最典型的例证是帝王陵寝。每一个正常死亡的帝王的陵寝一定是请了当时顶尖的风水大师勘察和设计的。应该是当时最高水平的了，但没有一个朝代能超过千年的。最长的朝代当属周朝，前后分西周和东周，历时 810 年（公元前 1066 年至公元前 256 年）。周朝的灭亡与它治国体制的缺陷以及君主个人的行为缺失密不可分。相信周朝每个君主的墓地和墓葬一定是非常认真地选址和设计建造的，但没有一个风水师敢对君主提出注意治国方略和个人行为的问题。这种现象如同即使建造了一座美轮美奂的舞台，并不能确保舞台上演的剧目一定是精彩的，因为还需要有好的剧本、导演和演员。

我国从 20 世纪 60 年代开始逐步提倡火葬，1997 年，国务院颁布了《中华人民共和国殡葬管理条例》。这个条例规定，除了少数一些地区可以保留土葬的习俗外，其余地区都要实行火葬。近年来更是开始出现“海葬”等殡葬形式。在各地许多的墓园，即使设立了穴位，但只是安放骨灰盒的，而不是古代的灵柩、棺椁。也就是说现代社会在殡葬这个问题上发生了重大变革，于是古人关于勘察阴宅的风水一系列规则和方法（尤其是关于灵柩和棺椁的制式和安放规则）没有了用武之地。而古代没有骨灰盒这种殡葬形式，因此也就不可能有关于骨灰盒的墓葬规则和方法。

但是，古人关于阴宅理论中有些基本方法还是可以应用的，笔者曾经在 1997 年在上海嘉定区为朋友勘察兴建一个安放骨灰盒的墓园风水的案例（当时从台湾来的一些投机客正在大陆各地用兴建“塔陵”的概念圈钱）。笔者用到了一些与阴宅有关的理论。例如，上海郊区是平原，没有起伏的山峦。这在风水学上称为“平洋”地形，无法按照山峦的“山龙”理论来布局。明末清初的风水大师蒋大鸿在《水龙经》云：“龙落平洋如展席，一片茫茫难捉摸；平阳只以水为龙，水缠便是龙身泊。”上海郊区地处江南水乡，于是可以在“水”上做文章（即“水为龙，水缠便是龙身泊”）。而且是兴建一个墓园，有必要引入“放生”的传统观念。因此，笔者建议在墓园内人工挖一条小型的“放生河”，并根据玄空飞星

的理论确定放生河的转形状和走向。① 有意思的是，这次风水实践让笔者见识了江湖上有些职业风水师对“磁偏角”的概念居然一无所知。当时有一位外地的职业风水师也被请到那里，那位职业风水师以为笔者是与他抢生意的，所以有点挑衅的味道。在确定整个墓园的布局时，那位朋友要我进行勘察。那位职业风水师心中不服，在一旁说：“你不就是定一个子午线吗？”笔者告诉他，在江南地区看风水对子午线需要根据当地的磁偏角加以调整，这是基础知识问题，他哑然了。可见在江湖上确实有一些滥竽充数的风水师。

笔者完成勘察，确定了园区的中轴线和布局之后，临行前特意提醒这位朋友，好的风水不能决定一切，经营者的行为操守更为重要。可惜的是这位朋友没有加以重视，后来由于他和他的合伙人也热衷于“圈钱”，把这个本来符合我国殡葬政策的不错的项目当作圈钱的工具，以为可以像房地产一样卖预售房，玩空手套白狼的游戏。结果沦落为非法集资的项目而垮台。那些台湾人在大陆搞的此类项目后来也都以垮台告终。

2005 年笔者受一位北京富商的邀请为他看他家在郊区的大宅院的风水，那个宅院确实占地很大。许多有钱的人往往心态有异于常人，他也不例外，除了要我帮他勘察该宅院的风水状况外，还希望将他母亲的墓穴安放在他的宅院中，理由是可以就近寄托哀思。尽孝道是好事，但好心未必能办出好事。笔者只是问了他一句话，为什么故宫里面没有建造前朝历代帝王的陵寝？难道是后来的皇帝不孝吗？他因此打消了这个念头，让笔者帮他在西郊一处著名的公墓中选了两块墓地。

笔者的建议是，如果读者学习风水的目的只是为了解决宜居环境，则在当代社会完全不必在古人的阴宅理论上花太多的时间和精力，因为那些理论糟粕很多，而且现在没有实际应用的机会。而且多去墓园看风水不是好事，笔者于 2005 年在河南某市看了一个墓园之后病了几天（这或许与笔者当时评说墓园中另一处墓穴的存在问题有关，当然也许是受了风寒）。这也是本书在后面关于宜居环境的风水知识和规则

① 笔者注：玄空飞星的理论认为，水流的转折越多越大，表示象征“水龙”的活跃和有力。请注意，转折的数量和弯曲的角度应该适度为宜。

的章节中不讨论阴宅理论的原因。但是，在安放先人骨灰盒的墓园中的位置选择还是可以用到一些风水知识的。现在市面上流传的一些近年来出版的风水类书籍很少有讨论阴宅风水问题的。但如果将风水学作为一门学问而学习研究，为了一门学问的完整性，则可以去学习研究阴宅理论。

二、对家居（阳宅）风水的认知

古代传承至今的关于家宅的风水规则和方法都是针对古代的社会形态的。古人获得一块地（或购买或帝王、官府赐予）之后，基本上可以按照自己的意愿盖房子，无论是朝向、高矮，或是如何开门、开窗等问题，自己的房子自己做主。在古代，没有什么规划局这样的机构来管理或限制业主的意愿，更没有现在房地产界常见的“容积率”等的规定。而且古代没有现代社会的公寓式楼宇，在古代与现代公寓式楼宇比较类似的建筑只有闽西、赣南和岭南一带的“客家土屋”（即所谓“土围子”）。因此，古代的风水规则无法完全照搬到现代社会来运用，需要根据现代社会的形态，对古传的风水规则加以修正，这样才能解决自己所需的宜居环境问题。

笔者多年来在研究古代风水理论并实际勘察过一些家宅风水之后，主要有以下几点体会。

其一，所谓好的家宅风水，只是解决了客观的宜居环境，但不能住在其中的人一辈子都是大吉大利的。古人实际上也明白这个道理，所以有“一命二运三风水”之说，古人认为一个人命运比风水更加重要，风水的作用只列为第三位。举例来说，住在一套风水很好的家宅中的人家有几个孩子，其中有的孩子学习很好，能金榜题名，但有的孩子却名落孙山；有的孩子婚姻顺利、家庭和谐，有的孩子却婚姻破裂，等等。又如，古代帝王的住处应该是当时天下顶尖的风水师勘察设计的，风水应该是很好的了，但自古以来能善终的帝王却不多。

其二，风水学研究的是“风”和“水”，是一门关于“藏风蓄水”的学问，古人云：“藏风为贵，蓄水为富”。《葬书》中说“气乘风则散，

界水则止。古人聚之使不散，行之使有止，故谓之风水。”在一栋建筑物之中，风的入口称为“气口”，主要的入口是“主气口”。古代建筑的窗户与大门相对而言比较小，所以主气口基本上都是在大门口。而现代的建筑则不然，门的宽度一般都是在一米左右，比较窄，而阳台，尤其是主阳台却比门宽得多。因此，现代有些房屋的主气口不再是古代所说的大门口，而是转移到了主阳台。所以，古传的关于气口的一些规则需要修正。

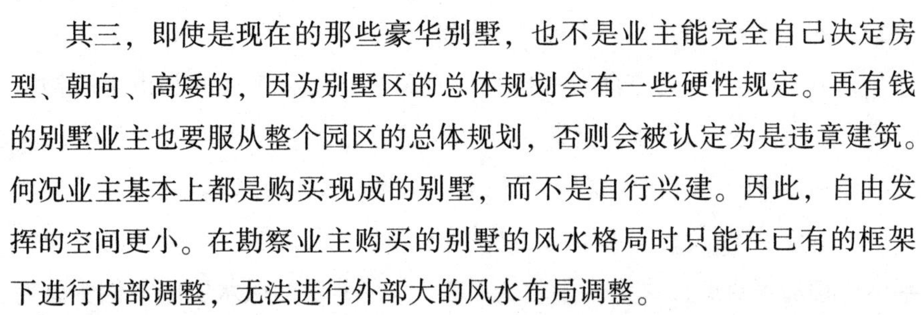

其三，即使是现在的那些豪华别墅，也不是业主能完全自己决定房型、朝向、高矮的，因为别墅区的总体规划会有一些硬性规定。再有钱的别墅业主也要服从整个园区的总体规划，否则会被认定为是违章建筑。何况业主基本上都是购买现成的别墅，而不是自行兴建。因此，自由发挥的空间更小。在勘察业主购买的别墅的风水格局时只能在已有的框架下进行内部调整，无法进行外部大的风水布局调整。

其四，古代社会没有电力，更没有家用电器，因此古代从来没有关于一栋建筑物之中用电和家用电器的风水规则。此外，古代的建筑不可能有电梯。因此，没有关于电梯在风水格局中的作用的规则。而现代的高层建筑中电梯是必不可少的，这就需要增加关于用电、家用电器和电梯等新生事物的风水规则，这是对古传规则的延伸和发展。

其五，古人的家宅中，厕所和盥洗之处都是分开设置的。而现代的家宅则将二者合二为一，称之为“卫浴”。这也是需要对古代风水规则进行增加和修正的。

其六，如果一个业主购买了一套公寓房，它的门的位置是无法更改的，即使风水状况不好，也只能在已有的基础上进行局部调整或补救，不可能把风水状况不好的门封掉，再在好的位置另行开门。假如该套公寓不是在一楼，总不能另外开门，凭空跳下去吧。即使是在一楼的公寓，也无法自己另外开一扇门出入。

上述问题（实际上还不止这些），让笔者认识到对现代家宅的风水需要新的认知，关键是解决宜居环境问题。现在有不少风水师或风水书籍中已经增加了不少规则，或是对古传的规则进行了修正，这是很可喜的。当然所有的修正和增加的部分需要通过实践加以验证。

三、对环境风水的认知

现代人类的生存环境与古代的环境相比发生了天翻地覆的变化，现在日益突出的环境保护问题就是最有力的证明。古代社会的城市或农村的格局到了现代社会也已经发生了巨大的改变。因此，古传的关于环境风水的规则在现代社会也需要重新认知。

(1) 在“风”的方面。古代很少有高楼，而在现代的都市中高楼鳞次栉比，还出现了所谓一个城市的“地标”建筑。城市中诸多的高层建筑对“风”的方向和烈度产生了很大的影响。例如，高楼之间容易形成“天斩煞”，在古代的城市中由建筑物形成的“天斩煞”不多，而在现代都市中稍加留意就能见到许多“天斩煞”。在笔者的风水实践案例中就遇到过多个因为“天斩煞”而导致失败的例子。

古代的环境被人为地破坏较少，而现代社会的环境由于过度和无序的开发，被人为地破坏得很严重。例如，近年来困扰北方许多城市的“沙尘暴”，就是环境被破坏引发的。解决这个问题的措施之一是人们注重植树造林。著名的“三北防护林”就是例证。但建造防护林必然会对原来的风的流向和烈度产生影响。在查勘风水时需要根据新的环境做出判断和调整。

又如，这几年让许多城市人头疼的“雾霾”，是古传的风水规则中没有的。我们也需要有相应的规则来勘察和改造环境。

(2) 在“水”的方面。唐代诗圣杜甫的名句说：“不废江河万古流”，但是，实际上不要说江河“万古”不废，很多江河到不了“千古”，甚至到不了“百古”就被废了或改道了。人类对大自然环境的无序开发导致了许多江河断流、干涸或改道，这必然会影响到环境风水。笔者前面提到1997年曾经在上海勘察一座墓园的风水，当时顺便看了一个旧有墓园中一位明末清初名人的墓地，他的后代后来出了高官厚禄之人。但笔者在看过后认为，再往后的子孙的运气变差了，不会再有高官出现。笔者做出这个判断的依据是因为那个墓地旁边的河道已经干涸，没有了水流经过，后来事实证明确实如此。

（3）现代社会中许多公共设施在古代是没有的，例如，高架路、城市中的轨道交通（包括地铁）、地下或江底隧道等。因此也需要增加新的风水规则。

此外人工开挖的河道（如运河等）也必然会影响环境风水。历史上就有隋炀帝开挖大运河的的例子。大运河对沿途的风水产生了诸多影响。现在我国正在实施的“南水北调”、“引滦入津”等工程也会影响沿途的环境风水。

四、对生活方式与风水关系的认知

人类的生存环境与生活方式密不可分。一方面，生存环境决定了人类的生活方式；另一方面，人类的生活方式又会去改造或调整生存环境。

例如，古人的生活规律是“日出而作，日入而息”，晚上几乎没有“夜生活”这种生活方式。再加上古代没有电力，因此古代没有现代意义上的路灯，也就不可能有关于路灯对风水产生影响的风水规则。而在现代社会，“夜生活”已经成为现代生活方式的重要组成部分。再加上电力的发达，路灯是必不可少的，甚至成为许多城市的一道景观。因此，现在勘察风水需要增加古代没有的相应规则。

类似的例子不在少数。例如，现代社会的生活用水大都用自来水，这在古代是没有的。又如房屋内安装的空调，也会对风水产生影响，这在古代也是没有的。又如，古代的主要交通工具是马车、牛车、轿子，古代的达官贵人们出行工具是轿子和马车，现代社会已经不复存在，等等。不再一一列举。

五、对勘察风水的器具的认知

看风水需要用的主要工具是“罗盘”（还有“罗经”等叫法），相信只要知道风水的人一定知道有罗盘。但知道“罗盘到底是怎么回事”如何使用，等问题的人就不会那么多。尤其是在现在，更需要对罗盘有正

确的认识。

笔者有一个实践的例子。2007 年笔者的一位企业家朋友买了一套大别墅，邀请笔者帮他看风水。笔者只是一个业余研究者而已，不愿意像职业风水师那样把风水作为谋生手段，去行走江湖，所以推掉了。拖了几个星期，在朋友再三要求下，答应前去看看。到了现场，由于笔者已拖延数周时间，朋友另外请的一位当地的职业风水师已经在场。这位职业风水师与笔者相识，他当时拿着一个不小的罗盘在楼下的花园里勘察。笔者心里一动，走过去请他把罗盘拿来，笔者也将自己带的一个六二式军用指南针放在旁边。他发现罗盘上的指南针的指向与军用指南针的指向不平行，感到很奇怪。他的第一反应是觉得两个指向只差几度而已，没有影响。笔者问他，差了几度还能准确勘察吗？他问笔者这是这么回事。笔者告诉他，罗盘不是一个正规的工业产品，没有什么行业标准，更没有国家标准。因此没有一个正规的工厂会生产罗盘。市面上的罗盘都是那些小作坊或者山寨厂生产的，极大部分罗盘的指针磁化得不好，或者安装工艺不规范，再加上这种罗盘没有经过出厂质量检验，因此很容易出现这个问题。即使带了两个罗盘，也无法确定以哪个为准。而且，罗盘只是在指南针的外围增加了风水学需要用到的天干地支、八卦、八门、二十四山等几层内容。但是，如果罗盘中的指南针不准确，那么其他各层的内容定位在准确性方面就很不可信了。

后来有一次笔者去另一个城市开会期间，当地的朋友要求笔者帮忙看他刚买的一套住宅的风水。笔者不是行走江湖的风水先生，所以没有带那个军用指南针，由于那些文具店中给中小学生用的指南针不可靠，让他去登山用品店买一个登山用指南针来使用，因为登山用指南针的准确性是可以信赖的。

上面两个例子告诉读者，对罗盘要有正确的认识，为了保证可靠，可以用正规的指南针替代，但这样做的前提是要熟悉罗盘上包含的各层的内容。目前普遍认为，台湾和安徽休宁出的罗盘比较规范，笔者专门托人买了这种罗盘，遗憾的是，同样存在指针不准的问题。由此可见，以江湖上古传风水学为谋生职业的风水师们用不准确的工具，很难得到正确的推断和所谓风水布局。

第二节 风水状况只是外部因素，不能决定一切

江湖上一些即使是真有水平的风水师往往会将他看风水的结论下得很肯定。应该说水平高的风水师确实能看出当时当地的风水状况，但并不等于对居住在该处的人（仅对阳宅而言）的状况就一定怎么样。因为这个当事人的状况除了受居住地或住宅的风水环境的影响外，还取决于其他因素。例如，他个人的行为操守、别人对他产生的影响、他从事什么职业等因素。笔者在前面说过，古人所说的“一命二运三风水”是很有道理的。一个演出的舞台建得好与坏，不能完全决定于该舞台演出的剧目的成功与否，因为还取决于剧本、导演、演员等诸多因素。风水学只是为人的一生提供了一个相对好的舞台，但是这个人一生的好坏还取决于剧本和舞台上的主角自己的行为操守。

历代的帝王所在之处应该都是选择了风水宝地，建筑物也是符合风水理论而兴建的，但历史上许多帝王没有善终就是很好的例证。而且，每个高水平的风水先生都应该有选择风水宝地的本事，他的住宅也可以具有很好的风水环境和布局，但至今没有见到哪一个风水师能身居高位或成为大富翁。如果某个风水师真的有此水平，他不需要再去为别人看风水，早就不是风水先生了。

总之，风水学只是解决了人类居住和工作场所的宜居环境，不可能完全决定一个人的前程和状况。因此笔者有两点建议，其一，从事风水的职业人士必须有基本的职业操守，不能把本来应该简单直白的风水道理加以神秘化，搞得很玄，使得请他看风水的客户不明就里、一头雾水。其二，相信风水学的人士应该理性地对待看风水状况得到的结论和改造风水的建议，务必不要忘记再好的风水环境未必能百分之百保证他事业成功、大富大贵、一生无忧。他自己的行为操守对他的前程更加重要。

第三章 古代风水学的理论基础

在中国，多个民族自古传下了各种图腾，它们各自具有特定的内涵。其中最著名的是三张图:“河图”、“洛书”和“太极图”。它们的来源以及古人画出这三张图的本意众说纷纭，自宋代以来争论了近千年，至今未有定论。

第一节　河图、洛书、易经

一　河图、洛书

相传，在上古的伏羲时代，位于现在洛阳东北孟津县境内的黄河中浮出龙马，背负“河图”，献给伏羲。伏羲依此而推演成八卦（先天八卦）。到了大禹治水的时代，洛阳境内洛河中浮出神龟，背驮“洛书”，献给大禹。大禹依此治水成功，遂划天下为九州。又依此定九章大法，治理社会，在《尚书·洪范》中记载了此事。后来周文王则根据伏羲创立的八卦推演出了后天八卦和六十四卦。

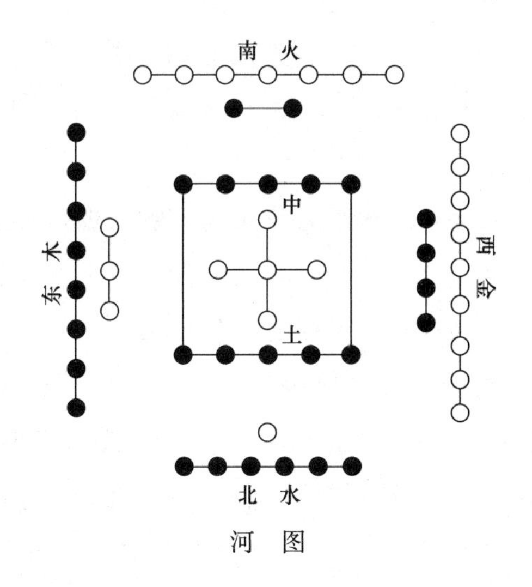

河　图

河图由黑白两种圆点组成的十个数字（1、2、3、4、5、6、7、8、9、10）构成。这十个数字以图形的方式构成一个方形图案。白点有五个单数（1、3、5、7、9），又被称为“生数”，代表阳。黑点有五个双数（2、4、6、8、10），又被称为“成数”，代表阴。单数相加之和等于25，双数相加之和等于30，二者相加的总和等于55。由于这个55是由阳数和

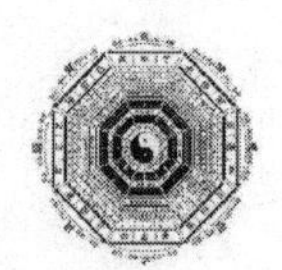

首

左　右

尾

洛 书

阴数相加得到，而天地由阴阳两部分组成，因此这个 55 代表“天地之数”，由它可以衍化出天地间的万物之数。

后来的先贤们对河图的解读是：河图的下边有一个白点和六个黑点，表示北方和玄武星，代表五行中的水；左边有三个白点和八个黑点，表示东方和青龙星，代表五行中的木；上边有二个黑点和七个白点，表示南方和朱雀星，代表五行中的火：右边有四个黑点和九个白点，表示西方和白虎星，代表五行中的金；图的中央有五个白点和十个黑点，表示时空的奇点，代表了五行中的土。

河图用黑白、数字、图案来表现宇宙万物。再用天上的星象代表万物在地上的方位，而且在每个方位的万物都具有阴阳属性，而每个方位的五行属性相互之间又被赋予了相生相克关系。

洛书其实是在河图基础上发展来的，它同样用了白点和黑点组成。白点有五个单数（1、3、5、7、9），代表阳；黑点有四个双数（2、4、6、8）代表阴。河图用了十个数字，洛书用了九个数字。洛书把象征阳的单数放在正位（上、下、左、右、中），即所谓“四正”。它们分别代表冬至、夏至、春分、秋分；洛书把象征阴的双数分别放在了两个正方位之间，即东北、东南、西南、西北四个方位，即所谓“四隅”，它们分别代表立春、立夏、立秋、立冬。

在赋予了上述内涵之后，河图和洛书具备了方位和阴阳的属性，而这正是风水学所需的理论基础。例如，“玄空九星”是风水学中理气派的

核心理论之一，而“玄空九星”的运行和河图洛书确实有密切的关系，如果熟悉河图和洛书的数理（即图中的白点和黑点的数与方位），学习风水学就会比较容易。

河图与洛书之间是什么关系？主流的观点是：

河图为体，洛书为用；河图主常，洛书主变；河图重合，洛书重分；方圆相藏，阴阳相抱，相互为用，不可分割。汉代的刘歆认为：“河图洛书相为经纬。”（《汉书·五行志》）南宋的朱熹是这样解释的：“河图主全，故极于十；洛书主变，故极于九。”“河图以五生数统五成数而同处于方，盖揭其全以示人而道其常，数之体也。洛书以五奇数统四偶数而各居其所，盖主于阳以统阴而肇其变，数之用也。”并认为河图象天圆，其数为三，为奇；洛书象地方，其数为二，为偶。根据河图为体、洛书为用的观点，进而得出“河图即先天，洛书即后天”的结论。

但是，“河图”和“洛书”仍然是历史上的两大“谜团”，它们源自哪里，以及它们到底蕴含了什么？至今没有统一的定论。例如，有人认为，河图是上古时期的气候图，洛书是上古时期的方位图，等等。关于河图和洛书的争议自古以来始终没有停息。但无论哪一派观点，对于河图与洛书是中华文化发展的起源基本上都是认同的。因此，有人称中华文化为“河洛文化”。

二 易 经

1. 基本概念

所谓“易经”是指对伏羲创立的先天八卦，以及周文王在八卦的基础上推演出的后天八卦和六十四卦进行诠释的符号体系和理论体系。因此，八卦是易经的基本元素。

迄今为止，无论对八卦的起源有多少种说法，但有一点是共同的，那就是易经的创立依据是河图和洛书。《易经·系辞上传》说：“河出图，

洛出书，圣人则之。”这里说的“圣人”是指三皇五帝之首的伏羲，他根据对“河图”的理解创立了八卦（先天八卦）。本书的重点是讨论风水学的道理，因此，对易经的起源不作介绍，有兴趣的读者可以参阅笔者的另一本书《易源易法》（团结出版社，2014年1月版）。

《周易·系辞上》曰：“天一，地二，天三，地四，天五，地六，天七，地八，天九，地十。天数五，地数五，五位相得而各有合：天数二十有五，地数三十。凡天地之数五十有五。此所以成变化而行鬼神也。”这是出自河图之数。而《洛书》之数是：“戴九履一，左三右七，二四为肩，六八为足”。这正是自古以来认为八卦源自河图洛书的依据。例如，《汉书·五行志》曰：“刘歆以为伏羲氏继天而王，受河图，则而图之，八卦是也”。明确地指出，伏羲得到了河图之后，画出（创立）了八卦。至于河图、洛书与先天八卦及后天八卦之间的数、方位的具体关系超出了风水学的范围，已经有很多专门的论述，不是本书的重点，因此不作详细介绍，有兴趣的读者可以自己研究。

所谓八卦，是指伏羲创立的乾、兑、离、震、巽、坎、艮、坤、兑共八个卦，它们的卦象是：乾☰、兑☱、离☲、震☳、巽☴、坎☵、艮☶、坤☷。

《说卦传》列举了八卦的卦象所象征的内容：乾卦象征天，坤卦象征地，坎卦象征水，离卦象征火，艮卦象征山，兑卦象征泽，巽卦象征风，震卦象征雷。而且《说卦传》有一段话：“天地定位，山泽通气，雷风相薄，水火不相射，八卦相错。”它用卦象描述的关于环境的各种因素，正是风水学理论体系中所需的基本内容。

后来，八卦又增加了其他许多象征的内容，其中八卦与人物之间的象征关系是：乾卦象征男性尊长、老年男性，坤卦象征女性尊长、老年女性，坎卦象征中男，离卦象征中女，艮卦象征少男，兑卦象征少女，巽卦象征长女，震卦象征长男，等等。这些象征通过卦象描述的各类人物也是风水学研究的对象。

有了上述这些象征内容，就将八卦与自然环境中的人和事物联系了起来，也就为风水学提供了所需的基本内容，因此说“易经”是风水学的主要理论基础。实际上，在风水的概念正式成形之前，易经中已经包含了方位和“风”、“水”的概念。

自古以来，伏羲创立的八卦称为先天八卦，在先天八卦的体系中，八个卦各自有对应的“数”（即“先天数”）和方位。周文王在先天八卦的基础上，修改了八个卦对应的“数”（即原来的“先天数”）和方位，给八个卦赋予了新的“数”（即“后天数”）对应的方位，后人将之称为“后天八卦”。

列表如下：

八　卦	乾☰	兑☱	离☲	震☳	巽☴	坎☵	艮☶	坤☷
先　天　数	1	2	3	4	5	6	7	8
后　天　数	6	7	9	3	4	1	8	2
先天卦方位	南	东南	东	东北	西南	西	西北	北
后天卦方位	西北	西	南	东	东南	北	东北	西南

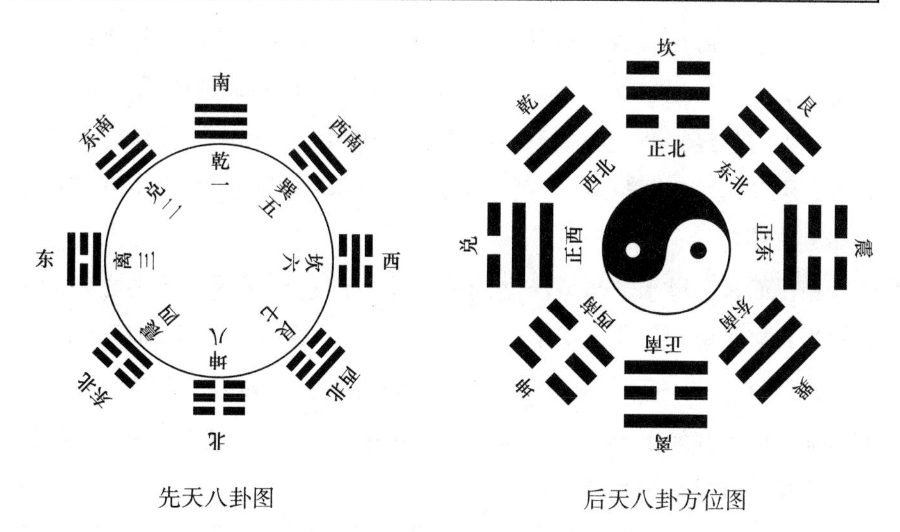

先天八卦图　　　　后天八卦方位图

先天八卦与后天八卦各自给八卦赋予了相应的方位和“数”。二者的根都是八个卦，因此它们之间并不是截然分割的。在应用时，多个传统文化领域都是采用先天八卦的“数”和后天八卦的方位。我们对先天八卦和后天八卦应该有更深入的理解。下面是先天八卦与后天八卦之间的转换图。

先天后天转换图

中国神秘文化的诸多领域都以《易经》为其理论基础。例如，风水学、面相学、梅花易数、命理学等，都是从《易经》的理论体系衍生的分支。反过来，这些分支又丰富和发展了《易经》的理论体系。可以说，由于有了《易经》理论体系作为支撑，使得风水学和中国传统建筑文化有了“灵魂”。风水学根据《易经》的理论指导人们选择、布局和建造生活和工作环境。

相比而言，风水学与易经之间的关系，比它与河图、洛书之间的关系更为直接和密切。风水学不仅仅直接用到了八卦的先天数和后天方位，而且，《易经》中关于阴阳平衡、天人合一的理论，以及分析人和事所用的辩证思维等都属于风水学的基础理论范畴。可以说，如果没有《易经》理论体系，就没有风水学。

风水学与易学领域的梅花易数一样，用到了八卦的先天数和后天方位。例如，风水师们所用的罗盘的核心就是后天八卦图。

笔者在多年研究风水的过程中，积累了不少用到了先天八卦数和后天八卦方位的实例，而且实践证明是比较准确的。其中有些实例将在后面介绍，供读者参考。

2. 宅卦

在后天八卦方位图中，东、西、南、北、东南、西南、西北、东北八个方位分别与八卦相对应：东方为震卦，南方为离卦，西方为兑卦，北方为坎卦，东南方为巽卦，西南方为坤卦，西北方为乾卦，东北方为艮卦。在风水学中，八卦与方位的对应关系十分重要，属于基本概念。将它与一个人的命卦配合起来就可以推断哪些方位的住宅对此人有利，哪些方位的住宅对此人不利。

古代风水理论认为，一栋（或一套）住宅的坐向根据其大门的朝向决定。站在该住宅的大门口面向外面，则面对的方向就是该住宅的朝向，而与之相对的分析就是该住宅所坐的方向，二者结合就确定了该住宅的坐向。例如，大门朝南的住宅就是坐北朝南的坐向。又如，大门朝西的住宅就是坐东朝西的坐向。再如，大门朝东北的住宅就是坐东北朝西南的坐向，等等。依此类推。明确了住宅的朝向，就确定了该住宅对应的卦，即“宅卦”。八个方向决定了有八种宅卦。①

乾宅：坐西北，大门朝向东南的住宅。

坤宅：坐西南，大门朝向东北的住宅。

震宅：坐东，大门朝向西的住宅。

巽宅：坐东南，大门朝向西北的住宅。

坎宅：坐北，大门朝向南的住宅。

离宅：坐南，大门朝向北的住宅。

艮宅：坐东北，大门朝向西南的住宅。

兑宅：坐西，大门朝向东的住宅。

风水学中关于阳宅的风水也叫做“八宅风水学”，就是说的这八个宅卦。它们分为两类：东四宅和西四宅。

东四宅：震宅（坐东向西的住宅），巽宅（坐东南向西北的住宅），

① 笔者注：由于现代社会与古代社会大不相同，因此现在关于住宅朝向的确定不仅仅由大门决定，还应该结合主阳台一起分析推断。关于这一点将在第六章中介绍。

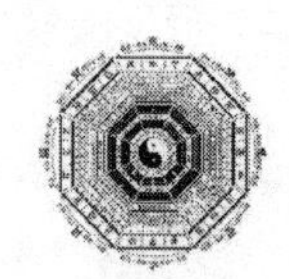

离宅（坐南向北的住宅），坎宅（坐北向南的住宅）。

西四宅：乾宅（坐西北向东南的住宅），坤宅（坐西南向东北的住宅），艮宅（坐东北向西南的住宅），兑宅（坐西向东的住宅）。

“八宅风水学”据说是唐代的天文学家一行和尚创立。在古代，天文与地理有很紧密的关联，因此自古就有“上知天文，下知地理”之说。在风水学领域中，主要是理气派在使用“八宅风水学”。

另有一种说法是，最早的“八宅风水学”的雏形是夏商时代从事占卜和巫医工作的“聿名氏”部落提出的。后来到了汉唐时代，日本的遣唐使把这套理论带去了日本，在日本得到传播，并与那里原来的“神道教”相结合形成了一个新的行业——阴阳师。

至于宅卦的应用，还需要确定当事人的“本命卦”，将在下面介绍。关于“本命卦”，笔者认为应该不是一行和尚创立的。笔者对于“本命卦”的算法是有疑问的，下一节中将进行讨论。

3. 本命卦

所谓的本命卦是用出生年的数字根据八卦的后天数换算成后得到的一个卦。八卦的后天数为：

八卦	坎	坤	震	巽	男坤、女艮	乾	兑	艮	离
后天数	1	2	3	4	5	6	7	8	9

（1）计算方法①

① 男性：求出（100-公历纪年数后两位数）÷9 的余数，然后对照后天数确定哪一卦是其人的本命卦。如果得到的余数为 5，则因为是男性，故本命卦是坤卦。如果被 9 除尽，则为离卦。

例如，某男生于 1972 年，于是

(100-72)÷9=28÷9，余数为 1，故他的本命卦是坎卦。

① 笔者注：计算时采用公历纪年数，例如 1975 年、1980 年等，这正是存在疑问之处！

又如某男生于 1973 年，于是

(100-73)÷9=27÷9，被 9 除尽，故他的本命卦是离卦。

再如，某男生于 1968 年，于是

(100-68)÷9=32÷9，余数为 5。此人是男性，故他的本命卦是坎卦。

② 女性：求出（公历纪年数后两位数-4）÷9 的余数，然后对照后天数确定哪一卦是其人的本命卦。如果得到的余数为 5，则因为是女性，故本命卦是艮卦。如果被 9 除尽，则为离卦。

例如，某女生于 1973 年，于是

(73-4)÷9=69÷9，余数为 6，故她的本命卦是乾卦。

又如，某女生于 1972 年，于是

(72-4)÷9=68÷9，余数为 5，此人是女性，故她的本命卦是艮卦。

在上一节“宅卦”中已经介绍过：震、巽、坎、离四个宅卦是“东四宅”，乾、坤、艮、兑四个宅卦是“西四宅”。与之对应的是在本命卦中，震、巽、坎、离四个卦对应的本命叫做“东四命”，乾、坤、艮、兑四个卦对应的本命叫做“西四命”。有了这种对应关系，于是产生出一套勘察规则。

（2）勘察规则

① 凡东四命者，居住在东四宅则吉，居住在西四宅则不吉；凡西四命者，居住在西四宅则吉，居住在东四宅则不吉。

② 从环境风水的角度勘察：东四命的吉方是东、东南、北、南，不吉方是西北、西南、东北、西；西四命的吉方是西北、西南、东北、西；不吉方是东、东南、北、南。

在实际运用时，先根据吉方和不吉方的规则来选择居住地（如居住方位或哪一个住宅小区），以及选择该方位或住宅小区中的哪一栋楼宇。大的范围选择之后，再根据东四宅、西四宅与东四命、西四宅的对应规则，来选择具体哪一栋别墅或公寓。

简单地说，这套理论是将八卦分为东四卦和西四卦两组，用到住宅上就称为东四宅卦和西四宅卦，用到本命卦上就称为东四命和西四命。

4. 对东四命和西四命的析疑

对于八宅风水理论，古人有很多论述。例如——

明代王君荣的《阳宅十书·论福元第二》云："盖厥初太极生两仪，两仪生四象，四象生八卦。故生人分东位西位乃两仪之说，分东四位西四位乃四象之说，分乾、坎、艮、震、巽、离、坤、兑乃八卦之说，是皆天地大道造化自然之理。若福元（即生年八卦属性）一错（请注意：这里说的是"生年八卦"而不是"本命卦"），则东四修西，西四修东，吉星反变为凶星，虽外形内形俱吉，皆无用矣，关系最大。"

《阳宅十书》中的"大游年歌诀"云："乾六天五祸绝延生，坎五天生延绝祸六，艮六绝祸生延天五，震延生祸绝五天六，巽天五六祸生绝延，离六五绝延祸生天，坤天延绝生祸五六，兑生祸延绝六五天。"

清代赵九峰的《阳宅三要》云："乾、坤、艮、兑四宅同，东西卦爻不可逢，误将他卦装一屋，人口伤之祸必重。坎、离、震、巽是一家，西四宅中莫犯他，若逢一气修成家，子孙兴旺定荣华。"

在风水古籍中有很多关于东四宅和西四宅的论述，但在许多风水书籍和资料中没有出现所谓的"本命卦"。

（1）古籍中称为"生年八卦"，现在见到的许多书籍和资料中称为"本命卦"。如果在本质上一致，则无可厚非。问题在于"本命卦"的计算方法何时产生？现在许多的书籍和资料作者没有交代，全部都是转载别人的说法而已①。

（2）下面对这种有疑问的算法，举例分析之。

在《中国传统风水智慧一本通》（中国画报出版社，2012 年版）中

---

① 笔者注：在目前市场上的风水类书籍和网上更多的风水资料中，无论计算男性或是女性的"本命卦"都用到了公元纪年的年份数（诸如：1972、1975 等），这种纪年法是明代时期从西方传入中国的，当时称为"西历"。我国正式采用这种纪年法是从辛亥革命开始，尤其是在 1949 年中华人民共和国成立之后。在中国古代采用的是干支纪年或者帝王的年号纪年。古人怎么可能用还没有传入中国的公历纪年法呢？更不可能与八卦发生关联！上面的例子中，前面说了要根据生年干支计算本命卦，但在具体过程中与干支毫无关联。这就让人不得不怀疑计算公式的可信度。

对“东四命”和“西四命”的描述是：“在八宅理论中，宅分八宅，人分八命。根据一个人出生年的干支和八卦相配合，就能得出一个人的命卦，这就是三元年命，也叫做元命。”这段文字告诉读者，命卦是根据“一个人出生年的干支和八卦相配合”推算得到的。在该书接下去关于计算命卦的部分，将2000年以前出生的人（男女的算法不同）和2000年以后出生的人分为两类给出了对应的计算公式。可是在这些公式中都是采用了公元纪年的年份数做除法求余数的方法，与出生年的干支毫不相干。这就偏离了前面的文中说的方法，不得不让人怀疑，这样得到的卦还是前面说的“命卦”（或“三元年命”）吗？

笔者大量查阅和考证之后明白了公式中减4、除9的原因是：

① 在公元纪年与干支纪年之间有一种换算方法，采用干支纪年后的第一个甲子年为公元4年（汉平帝元始四年），所以要减4。

② 风水界理气派有“玄空九星”之说，所以要除以9。九星是指：

一白（坎，北方水）；二黑（坤，西南土）；三碧（震，东方木）、四绿（巽，东南木）、五黄（中宫，戊己土）、六白（乾，西北金）、七赤（兑、西方金）、八白（艮，东北土）、九紫（离，南方火）。

作为附录，本书介绍在公元纪年与干支纪年之间的一种换算方法：

① 计算天干序数：(公元年数-3)÷10=商，所得余数即为天干序数。如果余数为0，则天干序数为10。

② 计算地支序数：(公元年数-3)÷12=商，所得余数即为地支序数。如果余数为0，则地支序数为12。

例如，2005年的干支换算方法如下：

2005年的天干序数计算如下：(2005-3)÷10=200，余数为2，2对应的天干为乙，所以2005年的天干为乙。

2005年的地支序数计算如下：(2005-3)÷12=166，余数为10，10对应的地支是酉，所以2005年的地支为酉。

两项综合，2005年所对应的干支纪年就是乙酉年。

此外，有些资料中提到了推算“东四命”和“西四命”的方法：“风水家以三元甲子一百八十年为周期，推算人的八卦属性，各年所生依干支纪年八卦依次循环而有不同。其中乾、坤、艮、兑为西四命，以坎、离、震、巽为东四命。”但是没有给出具体的推算方法，无法实际运用。

易经的六爻法中有一种方法，将干支与八卦联系了起来，收录如下，供读者参考。

八卦纳干支表

乾	兑	离	震	巽	坎	艮	坤
壬戌水	丁未水	己巳木	庚戌金	辛卯木	戊子火	丙寅火	癸酉金
壬申金	丁酉火	己未火	庚申木	辛巳金	戊戌木	丙子水	癸亥水
壬午木	丁亥土	己酉土	庚午土	辛未土	戊申土	丙戌土	癸丑木
甲辰火	丁丑水	己亥木	庚辰金	辛酉木	戊午火	丙申火	乙卯水
甲寅水	丁卯火	己丑火	庚寅木	辛亥金	戊辰木	丙午水	乙巳火
甲子金	丁巳土	己卯土	庚子土	辛丑土	戊寅土	丙辰土	乙未金

这张表是六爻法中用来给六十四卦的每爻配干支的。

风水中的命卦，是根据每人的出身年份而形成的卦象。主要用于室外环境及住宅方位规划，室内的卧室、厨房、客厅、厕所等合理位置分布，以产生对命主好的影响。从这个角度来看，所谓命卦十分重要，问题在于怎么推算出命卦！这正是笔者对现在风水师们普遍采用的风水理论的主要质疑点之一。

笔者作此分析的目的是，希望把目前风水学领域一些含糊不清的问题提出来讨论。通过讨论辨明道理，所以本书的书名确定为《宜居道理——家居环境和布局的选择与宜忌分析》。

第二节　五行学说

古代的先贤将宇宙万物划分为金、木、水、火、土五种类型，它们不是现代意义物质分类所说的“金”、“木”、“水”、“火”、“土”五种物质，而是广义的分类。这类似于中医理论中的“五脏六腑”，并不是指现代医学理论中的与之名称相同的器官。

但是，古代也有另外一种“五行”。它说的是指天道运行的五种方式，即仁、义、礼、智、圣，这种观点属于哲学伦理范畴，与本书的宗旨无关。本书只涉及与风水有关的五行学说。

笔者曾经在另一本书《易源易法》中说过：五行属性“在中国神秘文化中极其重要，如果没有这种关系，无法想象中国神秘文化将是什么情形，许多理论无法成立，甚至没有存在的意义。”笔者认为，“五行”的出现和理论体系始终是个谜，搞清楚五行的起源，绝对可以作为博士论文的研究课题。

五行学说的提出，最早见于《尚书·洪范》篇：“五行：一曰水，二曰火，三曰木，四曰金，五曰土。水曰润下，火曰炎上，木曰曲直，金曰从革，土爰（读作 yuan）稼穑。润下作咸，炎上作苦，曲直作酸，从革作辛，稼穑作甘。”

更为重要的是，五行学说不是简单地将万物分类，它的核心理论是揭示五行之间的相生和相克关系。

所谓“五行相生”，是指金生水、水生木、木生火、火生土、土生金。

所谓“五行相克”，是指金克木、木克土、土克水、水克火、火克金。

如果进一步细分，则相生关系分为“生我”和“我生”两类，相克关系分为“克我”和“我克”两类。读者在研究和应用五行理论时，需要用到它们。

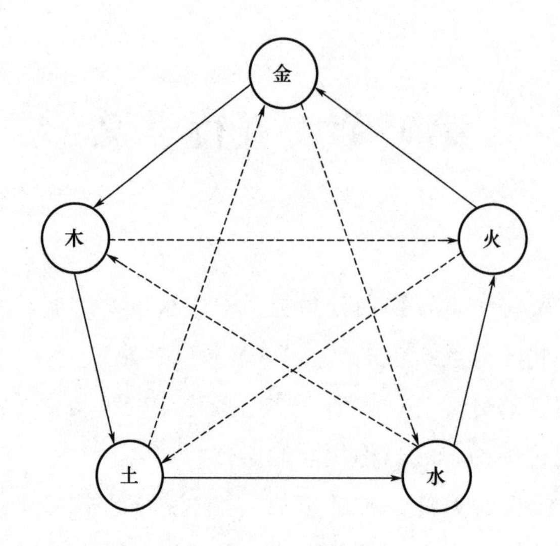

图中，实线表示相克关系，虚线表示相生关系

五行学说在古代风水学中也是不可或缺的。例如，在易经理论体系中每一个卦都具有对应的五行属性，于是风水理论中用到的与卦象对应的风水元素（例如，东四宅卦和西四宅卦，住宅中的八个方位，等等），就随之赋予了五行属性。下面将要讨论的风水学中需要用到的天干地支也是具有五行属性的。可以说，在整个风水学理论体系中，五行学说贯穿其中。

第三节　阴阳学说

阴阳的概念最初是原始社会的人们通过天象观测而产生的。古人从观察太阳的日落日出和月亮的阴晴圆缺、云遮蔽日、云开见日等天象变化，产生了最初的阴阳观念。《商周金文遗录·铭》云："阴者见云不见日，阳者云开而见日"，这是阴阳观念的原始意义。阴阳的概念随后又延伸到对自然界、命理和中医等其他领域。

古代思想家认为，宇宙间一切事物都是由互相对立又互相依存的两个方面构成的，这两个方面就称为阴阳。例如，天和地、日和月、昼和夜、内和外、上和下、左和右、男和女、高和低、白和黑、水和火、动和静、升和降，等等。在战国时代，阴阳家成为诸子百家中的重要一家，位列《汉书·艺文志》中列举的：儒、道、阴阳、法、名、墨、纵横、农、杂、小说等十家之中。阴阳学说认为宇宙间任何事物都具有既对立又统一的阴阳两个方面，二者经常不断地运动和相互作用。这种运动和相互作用，是一切事物运动变化的根源。古人把这种不断运动变化，叫做"生化不息"。宇宙间一切事物的生长、发展和消亡，都是事物阴阳两个方面不断运动和相互作用的结果。因此，阴阳学说成为认识和掌握自然界规律的一种不可或缺的思想方法。"阴"和"阳"不是绝对地对立和分割的，它们之间有阴阳对立、阴阳互根、阴阳消长和阴阳转化四种关系。《易经》的基本哲学思想就是"阴阳互补，刚柔相济"。《系辞》曰："一阴一阳之谓道"。太极图反映了阴阳学说的核心思维。太极图的图形相当简单，但是其内涵却极其丰富。

特别要指出的是，阴阳理论在中国传统医学（即中医）中不可或缺。如果没有阴阳理论作为基础，中医的理论体系就无法创立。《黄帝内经·素问》曰："阴阳者天地之道也，万物之纲纪，在变化之父母，生杀之本始，神明之府也，故治病必求于本"。

太 极 图

八卦	坤☷	艮☶	坎☵	巽☴	震☳	离☲	兑☱	乾☰
四象	太阴		少阳		少阴		太阳	
两仪	阴				阳			
太极	太极							

太极、两仪、四象、八卦关系图

可以肯定地说，阴阳的本义根本不是后来作为意识形态批判的“迷信”。但是多年的认识误区使得人们一听到“阴阳”就扣上“迷信”的大帽子。在风水学领域，阴阳的概念贯穿其中。如果没有阴阳的概念，风水学基本上不会成为一门完整的学说。在古代，风水先生也被称为“阴阳风水先生”或者直接叫做“阴阳先生”。在风水理论体系中，许多规则都用到了阴阳理论。古人甚至将墓地和住宅分别称作“阴宅”和“阳宅”。

第四节 天干地支

中国传统文化的各个领域都会用到天干地支，即十天干和十二地支。它起源于古代的天文学。古人给天干地支赋予了相应的阴阳和五行属性。风水学也不例外地必须用到天干地支及其对应的属性。风水学本身就是一门研究居住环境的时空的学问，而天干地支就是用来描述时间和空间的坐标体系。天干地支在风水学中的作用在于给每一个风水元素分配了一个坐标。就如同在一个城市中，一栋建筑物需要有门牌号码一样。这里所说的风水元素有：与勘察风水有关的时间——年、月、日、时辰，被勘察的阴阳宅所在的方位，建筑物内部的方位，等等。天干地支在中国传统文化的其他领域中的作用也基本如此。

十天干是：甲、乙、丙、丁、戊、己、庚、辛、壬、癸。

十二地支是：子、丑、寅、卯、辰、巳、午、未、申、酉、戌、亥。

一 天干地支的阴阳、五行属性

天干地支具有各自的阴阳和五行属性。列表如下：

十天干属性表

十天干	甲	乙	丙	丁	戊	己	庚	辛	壬	癸
阴阳属性	阳	阴	阳	阴	阳	阴	阳	阴	阳	阴
五行属性	木	木	火	火	土	土	金	金	水	水

十二地支属性表

十二地支	子	丑	寅	卯	辰	巳	午	未	申	酉	戌	亥
阴阳属性	阳	阴	阳	阴	阳	阴	阳	阴	阳	阴	阳	阴
五行属性	水	土	木	木	土	火	火	土	金	金	土	水

二 天干地支相生、相克关系

如果天干地支没有被赋予阴阳和五行属性，则仅仅是二十二个汉字而已。但在给它们赋予了各自的属性之后，由于五行属性之间具有相生、相克关系，于是天干地支之间也具有了相生和相克的关系。

1. 十天干相生

天干的相生关系是依据阴阳互生的原理来确定的，阴能生阳，阳能生阴，阳不生阳，阴不生阴。例如，甲木生丁火而不生丙火，等等。如下所述：

甲木生丁火，乙木生丙火，

丙火生己土，丁火生戊土，

戊土生辛金，己土生庚金，

庚金生癸水，辛金生壬水，

壬水生乙木，癸水生甲木。

2. 十天干相克

十天干相克关系的原理是阴阳同性者相见则克，故阳干克阳干，阴干克阴干。①

甲木克戊土，乙木克己土，

丙火克庚金，丁火克辛金，

---

① 笔者注：一个很有趣的现象是，上述的“阴阳相生”和“阴阳同性相克”的关系与现代物理学中“同性相斥”和“异性相吸”的规律吻合。在中国古代出现“阴阳相生”和“阴阳同性相克”的提法时，现代物理尚未产生，更没有发现“同性相斥”和“异性相吸”的规律。笔者认为，二者的吻合应该不是巧合，而是某种客观规律的体现。

戊土克壬水，己土克癸水，
庚金克甲木，辛金克乙木，
壬水克丙火，癸水克丁火。

3. 十天干合化

十天干之间相合又会化出另一种五行属性。
甲己合化土，乙庚合化金，丙辛合化水，丁壬合化木，戊癸合化火。

4. 十二地支相生

亥子水生寅卯木，寅卯木生巳午火，巳午火生辰戌丑未土，辰戌丑未土生申酉金，申酉金生亥子水。

5. 十二地支相克

亥子水克巳午火，巳午火克申酉金，申酉金克寅卯木，寅卯木克辰戌丑未土，辰戌丑未土克亥子水。

6. 十二地支六冲

子午相冲，丑未相冲，寅申相冲，卯酉相冲，辰戌相冲，巳亥相冲。

7. 十二地支六合

子丑相合，寅亥相合，卯戌相合，辰酉相合，巳申相合，午未相合。

8. 十二地支三合局

申子辰合为水局，巳酉丑合为金局，寅午戌合为火局，亥卯未合为木局。

9. 十二地支六害

子未相害，丑午相害，寅巳相害，卯辰相害，戌酉相害，亥申相害。

10. 十二地支三刑

子刑卯，卯刑子，为无礼之刑。
寅刑巳，巳刑申，申刑寅，为恃势之刑。
丑刑戌，戌刑未，未刑丑，为无恩之刑。
辰、午、酉、亥，为自刑之刑。

三 天干地支的六十甲子纳音

十个天干与十二个地支相互组合可以构成六十对干支组合，即所谓的“六十甲子纳音”。组合的规则是数序为奇数的天干与数序为奇数的地支组合，数序为偶数的天干与数序为偶数的地支组合。六十纳音各自具有对应的五行属性，在风水学中需要用到这种属性。例如，在家宅或办公室内确定一个人的财库时，需要看此人生年干支的五行属性。

六十甲子纳音的五行是依据太玄数、河图五行数以及五行相生的规则产生的。古代的音律有宫、商、角、徵、羽五音之说，而五音是各有五行属性的，所以六十甲子的五行属性也采用“纳音之说”，就是由此而来。

六十甲子纳音

五行	干　支	五行	干　支	五行	干　支	五行
金 4	甲子　乙丑	海中金	壬寅　癸卯	金箔金	庚辰　辛巳	白蜡金
	甲午　乙未	沙中金	壬申　癸酉	剑锋金	庚戌　辛亥	钗钏金
水 1	丙子　丁丑	涧下水	甲寅　乙卯	大溪水	壬辰　癸巳	长流水
	丙午　丁未	天河水	甲申　乙酉	泉中水	壬戌　癸亥	大海水
火 2	戊子　己丑	霹雳火	丙寅　丁卯	炉中火	甲辰　乙巳	佛灯火
	戊午　己未	天上火	丙申　丁酉	山下火	甲戌　乙亥	山头火
土 5	庚子　辛丑	壁上土	戊寅　己卯	城墙土	丙辰　丁巳	沙中土
	庚午　辛未	路旁土	戊申　己酉	大驿土	丙戌　丁亥	屋上土
木 3	壬子　癸丑	桑松木	庚寅　辛卯	松柏木	戊辰　己巳	大林木
	壬午　癸未	杨柳木	庚申　辛酉	石榴木	戊戌　己亥	平地木

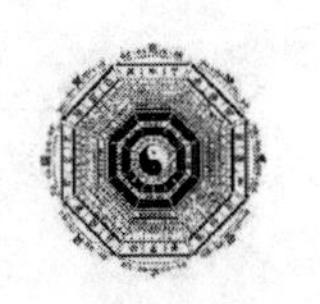

第五节　星象理论

社会上即使不熟悉风水学的人谈到风水时，大部分都知道什么“左青龙，右白虎”的说法。风水学的理论体系中确实用到了与星象有关的理论。有些批判者批判风水是“迷信”，批判的主要依据就是因为风水学中用到了星象理论，尤其是因为星象的命名采用了一些虚构的物种名称（例如，青龙、玄武、朱雀等）。其实，这里说的星象，只是一种与天文学有关的知识。现代天文学与古代的星象学同宗同源，星象学本身不是什么迷信。在风水界的流派中有一个专门研究星象风水的“星象派”。在中国传统文化的其他多个领域也用到了星象理论。

所谓“星象学”就是研究天象中的日、月、星辰的各种现象的学问。日、月、星辰本身就是客观存在的事物，何来迷信之有？这些现象属于人类的居住环境中的外部环境，因此必然会渗透到风水学之中。

星象理论是中国古代天文学的重要学说之一。是古人推论日时吉凶的一个重要理论依据。这套理论提出了所谓“二十八星宿”的概念。二十八星宿最早萌发于夏商时代，后来在春秋战国时期中得到进一步发展，在《尚书》、《左氏春秋》等典籍中都有记载。早期的二十八星宿主要是用于观测天文和气象，这对于当时的农业有很大的帮助，还有就是可以划分当时的时节，也就是当成日历使用。

所谓“二十八星宿”，是古人选择的黄道和赤道附近的二十八个星宿。二十八星宿的名称为：角、亢、氐、房、心、尾、箕（ji）、斗、牛、女、虚、危、室、壁、奎、娄、胃、昴、毕、觜（zi）、参、井、鬼、柳、星、张、翼、轸（zhen）。因为它们环列在日、月、五星的四方，很像日、月、五星栖宿的场所，所以称作二十八宿。它们分布在东西南北四个方向的天象，以分昼夜的变化，以及与阴阳气数的变化。古人进一步把二十八宿分为东、南、西、北四宫，每宫七宿，各宫分别将所属七宿连缀想象为一种动物的形象，以为是“天之四灵，以正四方”。这里的“四灵”就是青龙、白虎、朱雀、玄武。①

“四灵”在中国的民俗中影响十分深刻，如北京的社稷坛就是由五色土组成：由于东方是青龙，土色为青；西方是白虎，土色为白；南方是朱雀，土色为红；北方是玄武，土色为黑。中间的土色是黄的，象征人。这些土，都是明代从各地征集来的，表示四方朝贡，天下祥和之征。北洋政府时期的中国国旗就是五色旗。

道教把“四灵”奉为“四神”。认为朱雀代表的是天，所以至高无上；而青龙和白虎则是权力和威望的象征，玄武相传是黄帝的九个儿子中最小的，既像龟，又像蛇，但是却能活上万年，所以玄武就代表长寿。二十八宿的说法不仅在中国，而且在古印度、古罗马等文化古国都有，只是名称和意义不尽相同。

“二十八星宿”是古代天文学中的概念，用于研究天象。在风水学中，只用到了统率二十八星宿的“四灵”：青龙、白虎、朱雀、玄武。分别描述如下：

四象及所含的二十八宿如下：东方苍龙象包括角、亢、氐、房、心、尾、箕；南方朱雀象包括井、鬼、柳、星、张、翼、轸；西方白虎象包括奎、娄、胃、昂、毕、觜、参；北方玄武象包括斗、牛、女、虚、危、室、壁。

青龙

位于东方，五行属性为木，五色为青色，故名青龙。它统率东方的——角、亢、氐、房、心、尾、箕七个星宿。它们分布的形状与传说中的“龙”相似（参见下面的附图），故以命名为“青龙”。这七个星宿的名字采用了龙身的各个部分：“角”为龙的角，“亢”为龙的颈项，“氐”为龙颈的根部，“房”为龙的膀、胁部位，“心”为龙的心脏部位，“尾”为龙的尾部，“箕”为龙尾的末端。

白虎

位于西方，五行属性为金，五色为白色，故名白虎。它统率西方

---

① 笔者注：上述名称中极大部分都是虚构的物种，于是成为被批判为“迷信”的把柄。

白虎 BAI HU　　玄武 XUAN WU

青龙 QING DRAGON　　朱雀 ROSEF DRCH

的——奎、娄、胃、昴、毕、觜（zi）、参七个星宿。古人认为白虎是战神、杀伐之神，具有避邪、禳灾、祈丰及惩恶的扬善、发财致富、喜结良缘等多种能力。例如，《风俗通义·祀典》中说："画虎于门，鬼不敢入"。

朱雀

位于南方，五行属性为火，五色为赤色，朱为赤色，故名朱雀，又名凤凰（亦称为火凤凰）。它统率南方的——井、鬼、柳、星、张、翼、轸七个星宿。凤凰乃百鸟之王，灵性十足，能给人间带来祥瑞。凤凰的原义有阴阳之分，凤为雄，雌为凰。但在后来演变成与龙各为阴阳的一对吉祥物。

玄武

位于北方，五行属性为水，五色为黑色，玄武的本意就是玄冥，武、冥古音是相通的，故名玄武。它统率北方的——斗、牛、女、虚、危、室、壁七个星宿。在传说中玄武是一种由龟和蛇合体而成的灵物。玄武的本义是指乌龟，后来它的含义不断地延伸。由于乌龟长寿，所以玄冥（玄武）成了长生不老的象征。到了宋代，由于皇室的尊崇和道教的推波助澜，玄武的地位大大地提高，被奉为"真武大帝"，湖北武当山成为它的专属道场。

古人认为：最理想的风水宝地应该是："左青龙，右白虎，前朱雀，后玄武。"即：屋宅的东面有蜿蜒流水叫做青龙；西面有绵延大道称之白虎；南面有清澈池塘为朱雀；北面有丘陵俯伏是玄武。这四种条件齐备的地形才是风水宝地。

在风水学中青龙位代表男人、学业、贵人。青龙位出了问题，影响事业发展。白虎位代表女人、财运，白虎位若出了问题：可能发生灾祸、口舌、官司。

《葬经》云："经曰：地有四势，气从八方。故葬以左为青龙，右为白虎，前为朱雀，后为玄武。玄武垂头，朱雀翔舞，青龙蜿蜒，白虎驯𫖯。形势反此，法当破死。故虎蹲谓之衔尸，龙踞谓之嫉主，玄武不垂者拒尸，朱雀不舞者腾去。土圭测其方位，玉尺度其遐迩。以支为龙虎者，来止迹乎冈阜，要如肘臂，谓之环抱。以水为朱雀者，衰旺系形应，忌夫湍流，谓之悲泣。"

过去风水师在探勘墓地时，在地形前方左右两边突起的地形、可以当作墓穴的地方，都有独特的称号，称之左青龙、右白虎，取其护卫之意，而在公堂中也有相同的装饰，在左右堂柱上绘有青龙、白虎，用来镇压邪灵。

至此，风水学与《易经》、五行学说、阴阳学说和星象理论等其他理论体系的关系已作了概略的介绍。《易传》云："易有太极，始生两仪。两仪生四象，四象生八卦。"这里说的两仪：即阴和阳，可在不同时候引申为天地、昼夜、男女等。这里说的四象：即少阴、少阳、太阴、太阳。（在星象理论中也把青龙、白虎、朱雀、玄武称为四象，分别代表东西南北四个方向。）它们分别对应四方、四季、四象。青龙居东，春之气，少阳主之；朱雀居南，夏之气，太阳主之；白虎居西，秋之气，少阴主之；玄武居北，冬之气，太阴主之。

附录：作为一门知识，笔者将收集的二十八星宿的具体描述资料介绍如下，供读者研究参考。

一　东方苍龙七宿

1. **角宿**：属木，为蛟。为东方七宿之首，有两颗星如苍龙的两角。龙角，乃斗杀之首冲，故多凶。凡角宿值日为不吉，若祭祀、婚姻则事不成；若埋葬，则三年之内会有灾祸。

2. **亢宿**：属金，为龙。是东方第二宿，为苍龙的颈。龙颈，有龙角之护卫，它能带动全身，故多吉。凡亢宿值日主吉，诸事可求，若祭祀、婚姻，有好事临门；若埋葬，则后人必出官贵之人；若开门放水，则后人能出公侯。

3. **氐宿**：属土，为貉（即狗獾）。氐，为根为本，如木之有根始能往上支天柱、往下扎深根，但当其根露现时即是冬寒草木枯黄之时。《史记》记载："氐，东方之宿，氐者言万物皆至也。"氐宿是东方第三宿，为苍龙之胸，万事万物皆了然于心。龙胸，乃龙之中心要害，重中之重，故多吉。凡氐宿值日，多吉庆之事，若求财，会有横财；若埋葬，则主一年之内进钱财。

4. **房宿**：属火，为兔。为东方第四宿，为苍龙腹房，古人也称之为"天驷"，取龙为天马和房宿有四颗星之意。龙腹，五脏之所在，万物在这里被消化，故多凶。凡房宿值日，诸事难成，若办事，难成不吉，若埋葬，多有不利；若起造，则主三年内有灾殃。

5. **心宿**：属火，为狐。为东方第五宿，为苍龙腰部。心为火，是夏季第一个月应候的星宿，常和房宿连用，用来论述"中央支配四方"。龙腰，肾脏之所在，新陈代谢的源泉，不可等闲视之，故多凶。

凡心宿值日，主恶星施虐，若起造，主男女有伤；若埋葬，则主三年之内见瘟亡。

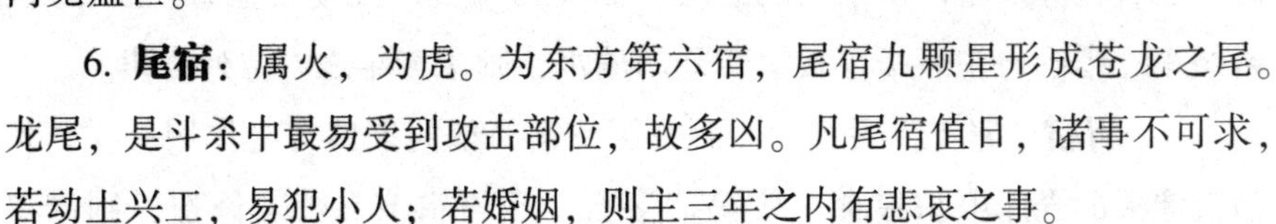

6. **尾宿**：属火，为虎。为东方第六宿，尾宿九颗星形成苍龙之尾。龙尾，是斗杀中最易受到攻击部位，故多凶。凡尾宿值日，诸事不可求，若动土兴工，易犯小人；若婚姻，则主三年之内有悲哀之事。

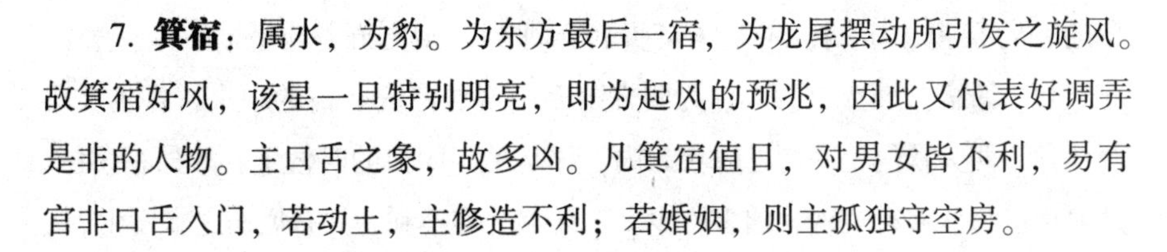

7. **箕宿**：属水，为豹。为东方最后一宿，为龙尾摆动所引发之旋风。故箕宿好风，该星一旦特别明亮，即为起风的预兆，因此又代表好调弄是非的人物。主口舌之象，故多凶。凡箕宿值日，对男女皆不利，易有官非口舌入门，若动土，主修造不利；若婚姻，则主孤独守空房。

二　西方白虎七宿

（图片来自百度截图）

8. **奎宿**：属木，为狼。为西方第一宿，有天之府库的意思，故奎宿多吉。凡奎宿值日，多吉，一切修造大吉昌，若埋葬、婚姻，则主财源广进。

9. **娄宿**：属金，为狗。为西方第二宿，娄，同“屡”，有聚众的含意，也有牧养众畜以供祭祀的意思，故娄宿多吉。凡娄宿值日，多吉庆，若祭祀、婚姻，主荣华富贵；若开门放水，则主三年之内位列官班。

10. **胃宿**：属土，为雉。为西方第三宿，如同人体胃之作用一样，胃宿就像天的仓库屯积粮食，故胃宿多吉。凡胃宿值日，若修造，则诸事亨通；若祭祀、婚姻，主荣华富贵；若埋葬，则主五谷丰登。

11. **昴宿**：属火，为鸡。为西方第四宿，居白虎七宿的中央，在古文中西从卯，西为秋门，一切已收获入内，该是关门闭户的时候了，故昴宿多凶。凡昴宿值日，多有灾殃，凶多吉少，一切兴工多不利，并有瘟伤之事发生。

12. **毕宿**：属火，为鸟。为西方第五宿，又名“罕车”，相当于边境的军队，又“毕”有“完全”之意，故毕宿多吉。凡毕宿值日，若造作，则主兴隆，若祭祀、开门，则多吉庆，若修造，主大旺，钱财牛马满山川。

13. **觜宿**：属火，为猴。为西方第六宿，居白虎之口，口福之象征，故觜宿多吉。凡觜宿值日，主吉，若埋葬、修造主荣昌，若婚姻，则主三年之内降麒麟。

14. **参宿**：属水，为猿。为西方第七宿，居白虎之前胸，虽居七宿之末但为最要害部位，故参宿多吉。凡参宿值日，若造作，则诸事兴隆，富贵荣华胜石崇；若埋葬、婚姻，则多吉庆，衣粮牛马满家中。

三　南方朱雀七宿

15. **井宿**：属木，为犴（井木犴）。为南方第一宿，其组合星群状如网，由此而得名“井”。井宿就像一张迎头之网，又如一片无底汪洋，故井宿多凶。凡井宿值日，诸事不通，凶多吉少，有瘟灾，一切所求皆不利，钱财耗散。

16. **鬼宿**：属金，为羊。为南方第二宿，犹如一顶戴在朱雀头上的帽子，鸟类在受到惊吓时头顶羽毛成冠状，人们把最害怕的东西称作“鬼”，鬼宿因此而得名，主惊吓，故多凶。凡鬼宿值日，诸事不吉，所求之事有惊险，买卖求财都不利，家门灾祸，人口零丁。

17. **柳宿**：属土，为獐。为南方第三宿，居朱雀之嘴，其状如柳叶，嘴为进食之用，故柳宿多吉。凡柳宿值日，若修造，主钱财，富贵双全入家来；若埋葬、婚姻，多招福禄主荣昌。

18. **星宿**：属火，为马。为南方第四宿，居朱雀之目，鸟类的眼睛多如星星般明亮，故由此而得名“星”。俗话说“眼里不容沙子”，故星宿多凶。凡星宿值日，主有悲哀，凶多吉少，有横灾，一切兴工都不利，家门灾祸起重重。

19. **张宿**：属火，为鹿。为南方第五宿，居朱雀身体与翅膀连接处，翅膀张开才意味着飞翔，民间常有“开张大吉”等说法，故张宿多吉。凡张宿值日，主吉昌，若祭祀、婚姻，则主天久地长，若动土埋葬，则主三年官禄进朝堂。

20. **翼宿**：属火，为蛇。为南方第六宿，居朱雀之翅膀之位，故而得名“翼”，鸟有了翅膀才能腾飞，翼宿多吉。凡翼宿值日，主吉祥，年年进禄入门堂，一切兴工有利益，子孙富贵置田庄。

21. **轸宿**：属水，为蚓。为南方第七宿，居朱雀之尾，鸟儿的尾巴是用来掌握方向的。古代称车箱底部后面的横木为“轸”，其部位与轸宿居朱雀之位相当，故此而得名。轸宿古称“天车”，“轸”有悲痛之意，故

轸宿多凶。凡轸宿值日，多主人离财散有消亡，埋葬、婚姻皆不利，朝朝日日有惊慌。

四　北方玄武七宿[①]

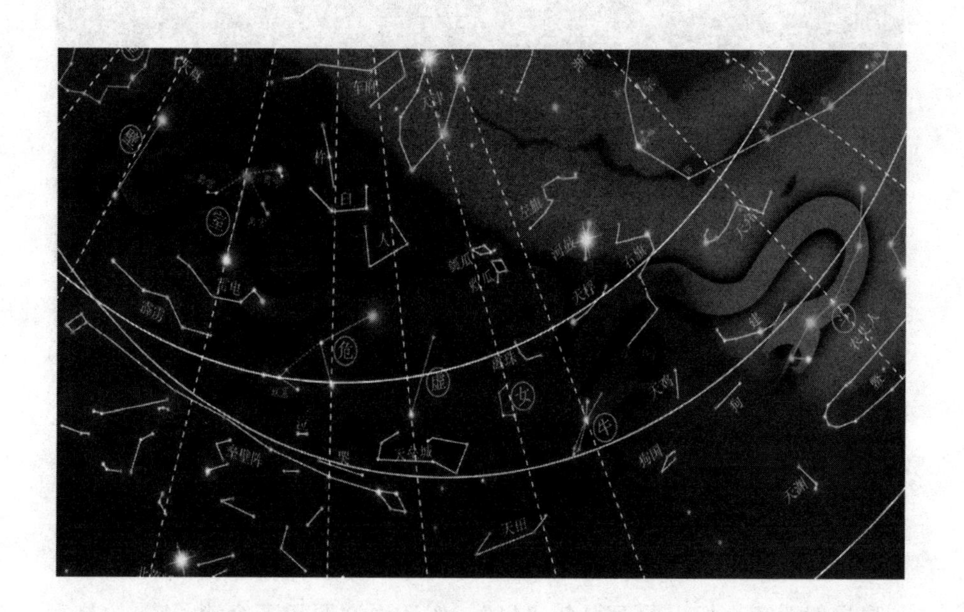

22. **斗宿**：属木，为獬。为北方之首宿，因其星群组合状如斗而得名，古人又称“天庙”，是属于天子的星。天子之星常人是不可轻易冒犯的，故多凶。凡斗宿值日，主不吉，婚姻、祭祀不吉昌，若埋葬，百般万事有灾殃。

23. **牛宿**：属金，为牛。为北方第二宿，因其星群组合如牛角而得名，其中最著名的是织女与牵牛星，虽然牛郎与织女的忠贞爱情能让数代人倾心感动，然而最终还是无法逃脱悲剧性的结局，故牛宿多凶。凡牛宿值日，难有好事，一切修造事灾多，若埋葬修造用此日，易祖财难留、卖尽田庄。

24. **女宿**：属土，为蝠。为北方第三宿，其星群组合状如箕，亦似

---

① 笔者注：每一组七宿的五行属性排列都是：木、金、土、火、火、火、水。

“女”字，古时妇女常用簸箕颠簸五谷，去弃糟粕取其精华，故女宿多吉。凡女宿值日，吉庆多，若起造兴工，事事昌；若埋葬、婚姻，则主三年之内进田庄。

25. **虚宿**：属火，为鼠。为北方第四宿，古人称为“天节”。当半夜时虚宿居于南中正是冬至的节令。冬至一阳初生，为新的一年即将开始，如同子时一阳初生，意味着新的一天开始，给人以美好的期待和希望，故虚宿多吉。凡虚宿值日，吉庆多，祭祀婚姻大吉昌，埋葬若还逢此日，一年之内进钱财。

26. **危宿**：属火，为燕。为北方第五宿，居龟蛇尾部之处，故此而得名“危”（战斗中，断后者常常有危险）。危者，高也，高而有险，故危宿多凶。凡危宿值日，多不吉，则主灾祸、瘟亡，一切修营尽不利，灾多吉少事成灾。

27. **室宿**：属火，为猪。为北方第六宿，因其星群组合像房屋状而得名“室”（像一所覆盖龟蛇之上的房子），房屋乃居住之所，人之所需，故室宿多吉。凡室宿值日，主大吉，婚姻祭祀主恩荣，埋葬若逢此日，三年必定进田庄。

28. **壁宿**：属水，为㺄（xu）。为北方第七宿，居室宿之外，形如室宿的围墙，故此而得名“壁”。墙壁，乃家园之屏障，故壁宿多吉。凡壁宿值日，多利好之事，祭祀兴工吉庆多，修造安门逢此日，三朝七日进钱财。

五　二十八星宿当值

二十八星宿轮流当值记日法的规则是：以一宿代表一日，二十八宿代表二十八日，周而复始。二十八日为一个周期，正好四个西方采用的“星期”轮流一个周期。由于西方历法和中国古代历法在天文学的渊源都是依据太阳的黄道推算得到的，所以二者殊途同归。只要看哪位星宿对应于星期几（其对应关系永远不变）即可。故可根据查阅下表来核对历书上二十八宿当值印刷得是否正确。

列表如下：

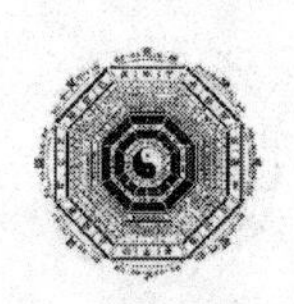

星期	四	五	六	日	一	二	三
东方七宿	角	亢	氐	房	心	尾	箕
北方七宿	斗	牛	女	虚	危	室	壁
西方七宿	奎	娄	胃	昴	毕	觜	参
南方七宿	井	鬼	柳	星	张	翼	轸

二十八宿与八卦、天干地支关系图

二十四山以顺时针方向为序，二十八宿以逆时针方向为序，寅、申、巳、亥四宫每宫纳二星，其余各宫纳一星。如图中定位后，就以二十八宿之五行决定二十四山之五行，诀曰：“乾坤艮巽是木乡，寅申巳亥水神当，甲庚丙壬本属火，子午卯酉火依相，乙辛丁癸土相伤，辰戌丑未属金堂。”①

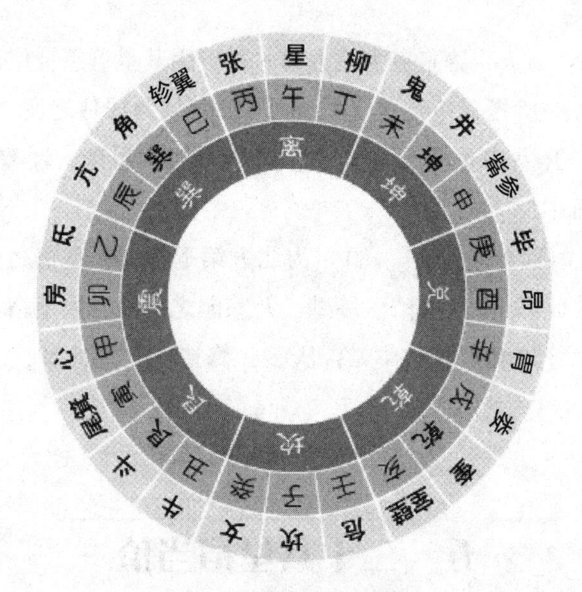

二十八宿临置二十四山图

① 笔者注：实际上，这个图就是罗盘的基本内容。

第六节 命 理 学

清代文学家文康的小说《儿女英雄传》一书中有句广为流传的名言："一命二运三风水，四积阴德五读书，六名七相八敬神，九交贵人十保养。"它是劝喻人们，如果希望自己一生平安、身体健康、事业成功，则需要具备以下条件：

一命：有一个好命；二运：行好运；三风水：居住地有好风水；四积阴德：多做善事；五读书：多读书学习，知书达理；六名：有一个好的名字；七相：从相学的角度看，具有好的相貌；八敬神：平时不忘祭拜神灵；九交贵人：结交贵人，与之做朋友；十养生：注意保养身体。即使在现代社会中，这句话中的大部分内容依然对我们有警示作用。

从这句话中可以看到，古人认为一个人的"命"和"运"比风水更为重要。实际上，一个人的命运与他的居住地的风水是密切相关的。笔者在《命理天机》中讲过，"命"是先天的静态的，生下来就确定了。"运"是后天的动态的，与此人的生活环境和他的行为操守有关。因此，命理学与风水之间的相互影响不容忽视，需要进行研究。

风水环境对一个人的"运"会产生影响；另一方面，不同"命"的人，对居住地的风水环境会不同的需求。前面介绍的东四命、西四命和东四宅、西四宅之间就有"宜"和"不宜"的对应关系。

人在宇宙万物之中不是孤立的，与外部的环境、事物以及时间都有很大的关系，古人对此已经有深刻的认识。因此有"地灵人杰"、"一方水土养一方人"、"仁者乐水，智者乐山"等的说法。古人所说的"三元九运"，与人的运程密切相关，而且指出每隔二十年，外部的吉凶方位就会变化一次。所谓"六十年风水轮流转"、"三十年河东，三十年河西"就是说明这个周期性的道理。

家宅风水的好坏对人的运程有影响是不言而喻的，涉及人的命运的

多个方面，但不是唯一的决定因素。为什么居住在同一栋家宅中的各人虽然风水环境相同，却有不同的运程？这是因为居住这栋住宅中的各人的命理运程各不相同。关于这一点第一章中已经详细分析，这里不再赘述。

第四章 罗盘

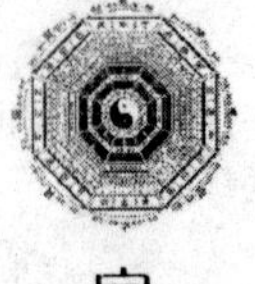

罗盘是风水师在勘察风水时使用专门的工具。罗盘又叫罗经、指南针盘，取包罗万向、经纬天地之义。罗盘是运用于天文、地理、军事、航海和堪舆风水的重要仪器，是中国古代四大发明之一——指南针和中国古典哲学《周易》八卦的应用与发展。

风水界的两大流派：峦头派和理气派，它们都很重视罗盘在勘察风水时的作用，但两派所用的罗盘种类却不尽相同。

第一节 罗盘的起源

在指南针发明以前，古人根据日月星辰来辨别方位，白天根据日影（太阳的影子）来辨别方位，晚上则根据月亮、星辰尤其是北极星来辨别方位。根据日影辨别方位的工具叫做“日圭”。它的主要作用是观察天文，古人经过长期的观察计算出一个太阳年的长度为365.25日（即1461除以4）。中国农历的二十四个节气也是利用日圭确定的，并且一直沿用至今。可以说，日圭是罗盘的雏形，因为它的另一个功能是用来辨别方位。北京著名的中华世纪坛的主体建筑就是取自日圭的造型。

指南针的出现给了人们更为方便辨别方向的工具，在阴雨天或乌云密布的天气，白天没有太阳，晚上看不到星辰。依靠白天的太阳和晚上的星辰来辨别方向就无法做到。指南针能不受天气的影响，全天候的辨别方向。军事战争需要用指南针（历史上著名的黄帝大战蚩尤就用上了指南针），风水界也充分利用了指南针的辨别方向功能。古人根据风水理论在指南针的基础上增加了许多风水学专用的元素，这就是罗盘。

指南针最初用于军事，据说黄帝在与蚩尤作战时，一个叫“风后”的大臣制作了“指南车”，帮助黄帝赢得了战争。由于指南车使用起来不方便，到了秦代，张良的师傅黄石公将它改制成“司南盘”（简称“司南”）。黄石公在司南盘上加上了八卦和天干地支，已十分接近现在的罗盘。但是，司南盘上的磁性勺子在携带使用时也不太方便，于是后人将磁性勺子改成磁针。至此，罗盘扩展到了非军事领域使用，风水界将罗盘作为勘察风水时的必备工具。

在罗盘的发展史上，有水罗盘和旱罗盘之分。明代以前使用的是水罗盘，它的磁针采用的是浮体磁针，在罗盘中央有凹陷之处，用来蓄水（称为“天池”），让磁针浮起其上。旱罗盘没有天池，采用中轴支撑式磁针。这是在明代以后西方的指南针传入中国之后引用到罗盘制作的工艺。现在水罗盘基本绝迹，风水师们都采用旱罗盘。

在罗盘发展和完善过程中，唐代的风水大师杨筠松是一个里程碑式的人物（字叔茂，号救贫，公元834—906年）。清代王道亨的《罗经透解》云："粤嵇罗经之制，轩帝创其始，周公遵其法，指南针方位分定。然先天只有十二支神，汉张配至八干四维，罗例于内，名为地盘。杨、赖二公又加中外两层，号曰天盘，合成三才。"杨筠松不仅完善了风水理论体系，而且在对罗盘经过潜心研究和实践之后，改进了罗盘的结构。以他为首确立了罗盘的三大盘针（正针、中针、缝针）体系。时至今日，改进他的理论设计的罗盘仍然被称为"杨盘"。

现在风水界所使用的罗盘除了用到了指南针和风水理论外，还采用了"六壬术"的一些理论。"六壬术"盛行于汉代，它是以阴阳五行学说为依据的一种占卜术。所谓"六壬"是指六十甲子中与壬有关的组合有六个：壬子、壬寅、壬辰、壬午、壬申、壬戌，合称"六壬"。十天干各有对应的五行属性，其中壬的属性是阳水，癸的属性是阴水。古人主张舍阴取阳，因此以"六壬"为名。古人在用六壬术占卜时使用的工具叫六壬式盘，它的构造分为天盘与地盘两部分，天圆地方，天盘嵌在地盘当中，中有轴可以自由转动。后来罗盘的结构就采用了这种方案，并且一直沿用至今。

第二节　罗盘的结构、规格和种类

一　罗盘的结构

无论哪一种类型的罗盘，其基本结构都是由“海底”、“内盘”和“外盘”三大部件组成。

1. 海底

海底是罗盘最基本的部件，也称为“天池”，实际上就是指南针。它位于内盘的中央位置，由顶针、磁针、海底线、指南针外盒等零件组成。所谓“海底线”是指天池底面上绘有的一条红线，在红线顶端的两侧各有一个红点。在使用时要使磁针的指北端与海底线重合。有些现代罗盘的海底线变成了十字线，在十字线的四个端点分别标注东南西北四个方位。在使用时要让磁针与十字线中的南北线重合。

2. 内盘（海底和内盘又合称为天盘）

内盘是罗盘最核心的部件，风水学的理论就是通过内盘体现的。风水界的各个流派将各自的风水理论注入罗盘之中，由此产生了不同类型的罗盘。因此，如果读懂一个真正意义上规范的罗盘，那么对中国传统文化多种知识已经相当熟悉了。内盘是一个位于天池外围的一个可转动的圆盘。在它的盘面上印着很多个同心圆圈，每一个圆圈称为一层。不同种类的罗盘层数不同，复杂的罗盘有几十层之多，简易的罗盘则只有

几层。

在每一层中又等分了许多方格，各层的方格数各不相同，最少的方格有八个，最多的方格有数百个。每个方格中印上了文字或八卦的卦象。这些文字就是各个风水流派的理论内容。

3. 外盘（又称为地盘）

外盘是内盘的托盘，多为正方形。在它的四条边的外侧中点各有一小孔，穿入相互垂直的两根红线，称为“天心十道”。所以现在有许多罗盘上有两组十字线。新的罗盘在启用之前需要对天心十道进行校准。

天盘为圆形，地盘为方形，象征着中国古代“天圆地方”的理念。

笔者注：上面说的只是罗盘的基本结构。但在局部构造和细节上，各种罗盘的结构各不相同。因为自古以来罗盘缺乏统一标准，因此没有定制，各流派各行其是。但大都会自称正宗，得到了罗盘的真传。

二　罗盘的规格

罗盘的规格主要有两个指标：大小尺寸和圆圈层数。

常见的罗盘直径尺寸有十余种之多，袖珍型罗盘的直径不足 3 寸，据说，目前最大的罗盘的外盘直径为 155.4 厘米，内盘直径为 152 厘米（收藏于台湾云林科技大学）。北京中国古代建筑博物馆中收藏了一个直径超过 30 寸（约 1 米）的特大型罗盘，据说这是目前发现的最大尺寸的古代风水用罗盘。一般认为，直径 2.8~5.2 寸的为小型罗盘，直径 6.2~8.6 寸的为中型罗盘，直径 8.6 寸以上的为大型罗盘。小型罗盘的优点是体积小，便于携带，但由于盘面小，所以圆圈数量少，而且每一层圆圈中的内容页比较少。大型罗盘的优点是圆圈数量多，而且每一层圆圈中的内容页比较多，但由于尺寸大，携带不便。因此现在的风水师大都使用中型罗盘。但是有些风水家以罗盘的使用性能为主，主张使用大型罗盘。例如，胡国慎在《罗经解定》一书中推荐使用直径 12 寸的罗盘。

三　罗盘的种类

风水界常用的罗盘主要有三种：三合派的“三合盘”、三元派的“三元盘”和三元派与三合派通用的综合盘——三元三合两用盘。而现代风水理论体系融合了理气派和形势派理论，所以现在的风水师们大多采用综合盘。制作罗盘的人们（多为个人作坊的形式）也顺应市场需求，主要制作综合盘出售。

1. 三合盘

三合盘又称为“杨盘”，这是因为它是唐代风水大师杨筠松在对以前的罗盘加以改进后定型的。关于这一点已经在前面的“罗盘起源”中介绍了。它的主要特征是由三层二十四山向（方位）组成，用于定向、消砂、纳水等风水作业，理气派则常用三合盘。后来宋代的风水师赖布衣在杨盘的基础上增设了“人盘”，在人盘上引进二十八星和五行，专门用

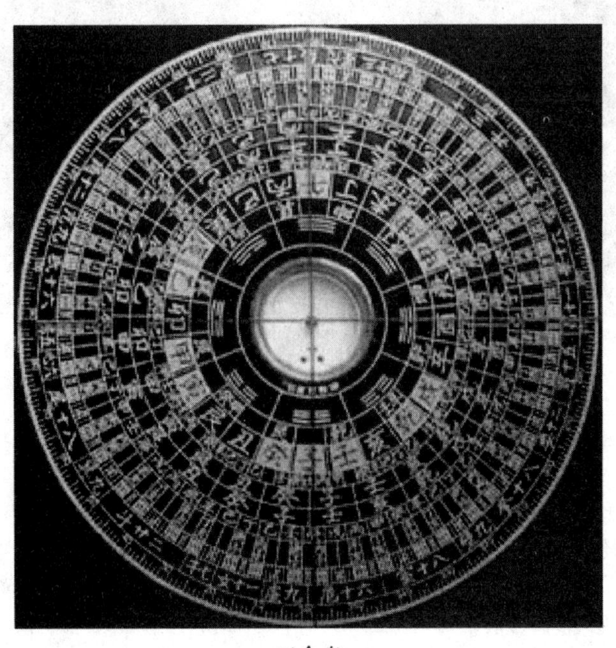

三合盘

于消砂出煞。人盘的二十四山比地盘二十四山逆时针旋转了7.5度。这样的罗盘称为“赖盘”。理气派在勘察风水时采用三合盘。

2. 三元盘

三元盘据说由明末清初的峦头派风水大师蒋大鸿先生设计，所以也叫“蒋盘”，盘上有先天八卦、后天八卦以及64卦。由于装入了卦象，所以三元盘又称为“易盘”。峦头派在勘察风水时采用三元盘。①

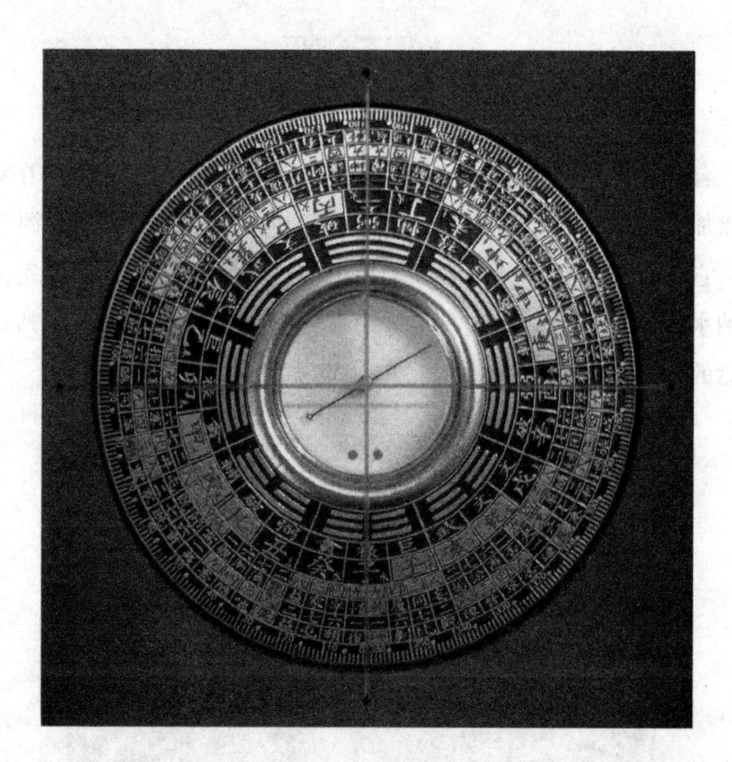

三元盘

① 笔者注：业余的风水爱好者在选购罗盘时，首先应该明确定位：根据你研究的是峦头派还是理气派理论，可以选购相应的三元盘或者三合盘。区分三元盘和三合盘的方法之一是，在罗盘的地盘中三元盘和三合盘对于二十四山的布置格局互不相同。当然，现在很流行的是将三元盘和三合盘综合在一起的综合盘，接下来介绍的正是综合盘。

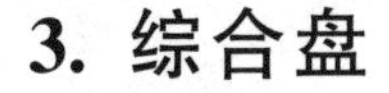

3. 综合盘

综合盘囊括了三合盘和三元盘的一些主要圈层：既有三合盘的地盘正针、人盘中针、天盘缝针，设置了三元盘的易卦层（主要是六十四卦层），还包括三合盘和三元盘中共有的一些圆圈（如八卦层、天干地支层、星宿层等）。因此，综合盘上的圆圈很多细密，内容庞杂。

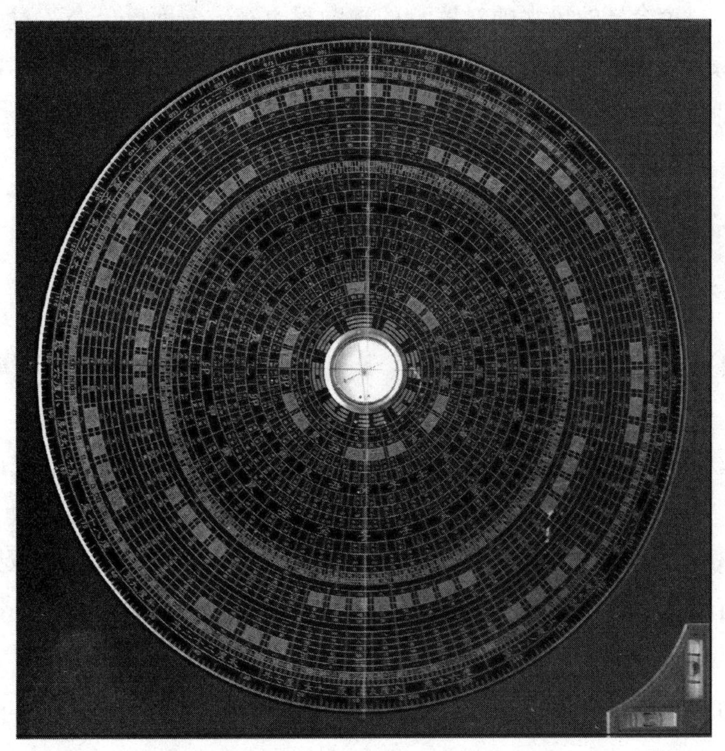

综合盘

（这是笔者特意委托朋友在台湾购买的 8.6 寸罗盘）

现代科技的进步也给风水界注入了新元素。例如，由于 GPS 技术的成熟，数年前已经出现了“电子罗盘”。近两年由于手机等移动终端的技术更新（如 APP 等），已经出现了手机上的电子罗盘。但是，目前见到的“电子罗盘”实际上是一个电子指南针而已，主要用于辨别方向、导航等用途，故没有装入一些风水罗盘中必需的功能。

第三节　罗盘的选购

风水师勘察风水的主要工作内容是审龙、消砂纳水、立向布局等，罗盘是必不可少的主要工具。罗盘的质量决定着勘察的精度和准确性。因此，一个合格的风水师对罗盘的选购很重视。前面已经介绍过，罗盘是由海底、内盘、外盘三大部件构成的，在选购罗盘时就要观察这三个部件的质量。

一、海底的质量要求

① 海底是一个标准的圆柱形，底部的定位十字线应互相垂直成 90°。而且，十字线标示的北必须与内盘中的子位重合。

② 磁针下面的顶针必须固定在十字线的交点上，与海底的底面垂直安装，顶针的尖端完好无损，以保证安装在上面的磁针能灵活转动。

③ 磁针的磁性足够，以磁针的支撑点位居磁针的中心，两边对称。

④ 海底盖子采用无机玻璃制成，防止因产生静电而影响磁针而定位不准。

⑤ 磁针的安装既要灵活又要稳固，以防磁针在携带时脱离顶针。

二、内盘的质量要求

① 如果地盘上二十四山的子、午、卯、酉应分别准确定位在圆周的 0°、180°、90°、270°四个位置，则这个罗盘方位设置准确。

② 内盘上各圆圈分格准确，每个格子中的内容正确无误，字迹清晰。

③ 内盘与外盘的间隙合适，既能保证二者之间灵活转动，又能对

位准确。

三、外盘的质量要求

① 盘面为正方形，且平整光滑，没有变形。

② 内盘准确无误地位于外盘正中心

③ 外盘上的天心十字线的四个穿线孔必须位于外盘四个边的中心点。而且两道线的交点必须与海底中的顶针顶住磁针的支点重合。

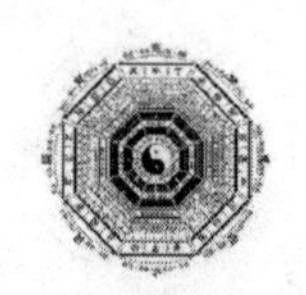

第四节 罗盘使用方法

一、基本规则

罗盘的最基本依据是磁性的N极和S极之间异极相吸、同极相斥的原理，并运用这个原理来测量方位。磁针都是采用永磁材料制作的，其本身具有磁性。因此，磁针的磁性与地球本身的磁性会互相影响，如果磁针与地球的磁力线平行，则是最理想的状况。但若罗盘使用时间太长，或受到高温、剧烈震动、放置的地方有较强的交变磁场等，或磁针的磁性不够强，或磁针的安装工艺不合格，都会导致磁性变弱或产生偏差，与地球的磁力线不平行。

从理论上说，如果磁针的磁性不足，可以进行充磁，增强其磁性。但事实上没有人会对罗盘中的磁针进行充磁的。

对于外界的磁性环境产生影响，则需要在使用罗盘时避开附近的磁性物体，如大型交流电机、磁铁、高压线及铁塔等。此外，现代人身上虽然没有了古人佩带的刀剑一类铁器，但是增加了古代没有的移动电话等与磁性有关的物件，这些磁性物体和物件在古代尚未出现（除了附近有铁矿外），所以，古传的风水规则中没有这方面的规则。但上述在现代社会中的磁性物体和物件对附近的磁场会产生影响，因此需要增加并运用这方面的规则。

此外，罗盘必须放平或端平，以免影响磁针的指向。有些罗盘上带有校准水平的水泡可以用来调整罗盘的水平状态。以前有些风水师在勘察风水时会将罗盘安放在盛满大米的底盘上，就是为了保证罗盘的水平，现在已经见不到哪一位风水师会这样做了。

特别要注意的是，根据现代天文学理论，在太阳黑子活动高峰期会对地球磁场和罗盘的磁针产生影响，使得水平放置的罗盘的磁针在静止状态下也会剧烈摆动，这时不能使用罗盘进行勘察，须待罗盘中的磁针完全静止后才能进行勘察。古人由于受天文学知识的局限，因此古代风水理论中没有关于太阳黑子会对罗盘产生影响的论述。

二 基本方法

有些江湖人士将罗盘的使用神秘化，这正是他们将整个风水术神秘化的一部分。实际上，在勘察风水时，罗盘只是一个工具，只要罗盘本身的指向没有偏差，符合上述的基本原则，使用罗盘的基本方法并不复杂。

1. 罗盘的拿法

使用罗盘时，应该用双手把持住外盘，放在胸前，注意保持罗盘水平状态。

2. 调整指针方向

罗盘上方的十字鱼丝线，需与房子大门保持平行，如下图所示。

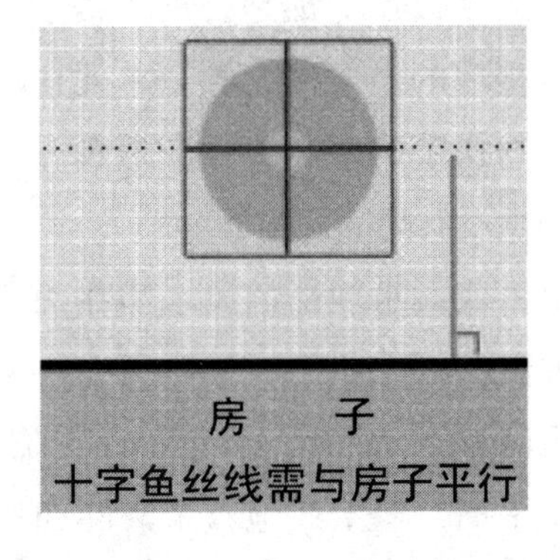

十字鱼丝线的位置固定之后，开始调整天池内指针方向。用双手的

大拇指动内盘，当内盘转动时，天池会随之而转动。直到将内盘转动至磁针静止下来，与天池内的红线重叠在一起为止，如下图所示。

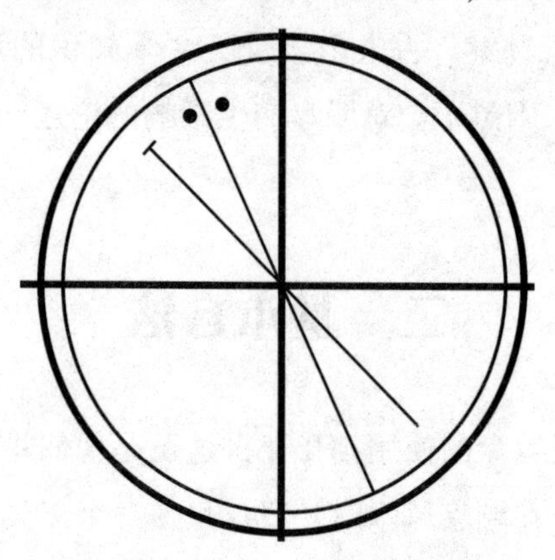

3. 判定住宅的坐向

在勘察时，如果人站在屋内面向大门方向，则以背靠的方位（室内）为“坐”，面对的方位（室外）为“向”。如果人站在屋外面向大门方向，则以背靠的方位（室外）为“坐”，面对的方位（室内）为“向”。

一般常见的方式是风水师站在大门之外，距离大门口三步的距离，面对着大门口，并使罗盘的边线与大门口的边线平行。古人的住宅都是独栋建筑，因此采用这种方法确定坐向比较容易，同理，现代社会中的独栋别墅也比较容易确定坐向。

但是现代社会中极大多数住宅都是公寓式楼宇，与独栋建筑的状况不同。此时需要以整栋楼宇的坐向作为各个单元住宅的坐向。由于楼宇比较高，因此勘察时，与楼宇的距离要相应地远一些，一般以距离八步开外为宜，而且中间必须没有阻隔的物体。

这里介绍真正懂得古代风水理论的风水师在确定一栋住宅或一处墓穴方向时的正确操作方法：

将罗盘放在穴的石碑上，或房屋门脚正中，或院子的天井中，垫上3寸厚的米，把米压成水平面，米上放地盘。清除四周的金属物，然后用洁水洗净天盘，将指针连掷两三次，看针是不是都指在同一方向。这就

像中医号脉一样，对于针的晃动，风水先生归纳为“八奇”：一搪，惧也，浮而不定，不归中线。说明地下有古板古器。二兑，突也，针横，不归子午，说明地下有金属。三欺，诈也；针转而不稳。四探，击投也，半沉半浮。五没，说明地下有铜器。六遂，不顺也，针浮而乱动。七侧，不玉也，偏东或编西。八正，收藏中线。前七奇皆不吉。只有第八为吉。风水先生如果要格水的方向，就用罗盘（地盘）正中的红线对准水口交合之处，再转动中间的圆盘，使磁针与天池海底线平行，再看红线在圆盘上指的是什么字，就可根据风水理论推定方向的吉凶。①②

4. 二十四山

在罗盘中有一个很常见的概念——二十四山。风水学研究的主要内容之一是方位，在风水理论体系中引入了后天八卦的方位概念：

震卦居东，巽卦居东南，离卦居南，坤卦居西南，兑卦居西，乾卦居西北，坎卦居北，艮卦居东北。③

上述八个方位又增加了天干和地支的组合：十二个地支：子、丑、寅、卯、辰、巳、午、未、申、酉、戌、亥，以及十个天干中位于上述八个方位的八个天干：甲、乙、丙、丁、庚、辛、壬、癸。（由于十个天干中的戊、己的五行属性为土，位于中宫，不在上述八个方位上，所以不进入组合之中。）然后将位于四隅（东南、西南、西北、东北）的四个卦：巽卦、坤卦、乾卦、艮卦加入组合之中，于是有了二十四个“山”：④

12(十二地支)+8(八天干)+4(四卦)=24

---

① 笔者注：现在很少见到会这种方法的风水师。这也不奇怪，因为风水领域没有考核标准，也不需要什么看风水的职业资格证书，由此鱼龙混杂，许多一知半解之人都成了风水大师。

② 现代住宅的朝向不仅仅根据大门确定，而是与主阳台有关（见第六章），因此上述方法应该加以修正。

③ 笔者注：在易占中也是采用后天八卦的方位，而数则采用先天八卦之数。

④ 笔者注：古人将东、西、南、北称为四正之地，东南、西南、西北、东北称为四隅之地。五行属性为土的戊、己位于中央的理论依据出自“河图”。

它们的排列方式如下图所示：

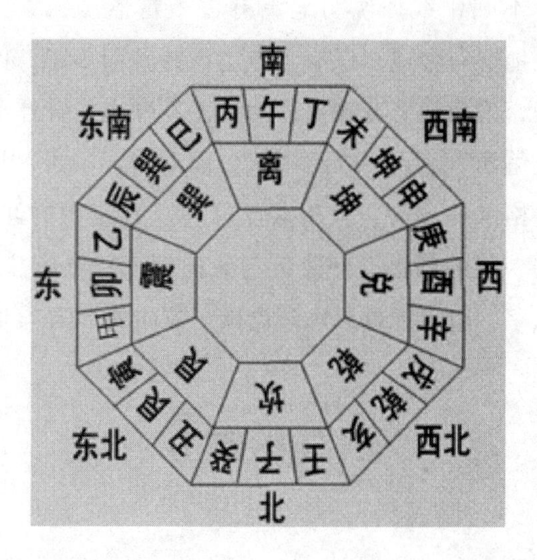

在图中可见，四正和四隅每个方位分别对应于后天八卦中的一个卦和三个山。按照现代几何学的观点，一个圆周等于360°，因此二十四山也有了几何学的具体方位角度。列表如下：

方位、卦象、二十四山对照表

方　位	卦　象	二十四山	角　度
北	坎卦	壬	337. 5°~-352. 5°
		子	352. 5°~-7. 5°
		癸	7. 5°~-22. 5°
东北	艮卦	丑	22. 5°~37. 5°
		艮	37. 5°~52. 5°
		寅	52. 5°~67. 5°
东	震卦	甲	67. 5°~82. 5°
		卯	82. 5°~97. 5°
		乙	97. 5°~112. 5°
东南	巽卦	辰	112. 5°~127. 5°
		巽	127. 5°~142. 5°
		巳	142. 5°~157. 5°
南	离卦	丙	157. 5°~172. 5°
		午	172. 5°~187. 5°
		丁	187. 5°~202. 5°

续表

方　位	卦　象	二十四山	角　度
西南	坤卦	未	202.5°~217.5°
		坤	217.5°~232.5°
		申	232.5°~247.5°
西	兑卦	庚	247.5°~262.5°
		酉	262.5°~277.5°
		辛	277.5°~292.5°
西北	乾卦	戌	292.5°~307.5°
		乾	307.5°~322.5°
		亥	322.5°~337.5°

二十四山中十天干的排列方式，是由天干五行的属性所决定的。甲、乙为木，甲为阳木，乙为阴木，东方为木，故甲乙排在东方。甲为阳，居卯之左方；乙为阴，居卯之右方。同理，丙丁排布在午的左右，庚辛排布在酉的左右，壬癸排在子的左右。由于戊为阳土，己为阴土，排布在中央土的位置（见河图），故不在八个方位中出现。

5. 罗盘“三盘三针”的应用

① **地盘**：用于立向——在太极点上置“指南针或罗盘”测出四面八方的方位。所谓“太极点”是指，阳宅太极点在宅中；阴宅太极点在坟顶中央。

② **人盘**：用于消砂——看山峰、楼、树、墙、堆砌物、塔、烟囱等。

③ **天盘**：用于纳水——看水的来去或路的走向。如水、河、溏、池、井、厕所（浊水）、养鱼（动水）、门窗（动水）、路或平地（虚或假水）等。

三　运用罗盘的查勘分析方法

众所周知，风水师在堪舆阴阳宅风水时，一般都离不开罗盘，而罗

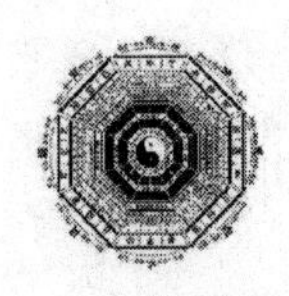

盘的实质就是后天八卦图。罗盘最大的功能就是根据八卦和二十四山方位进行勘察和推断。下面介绍运用罗盘的具体方法。

1. 根据罗盘上的八卦和二十四山推断家中成员状况

第三章第（二）节中介绍了八卦与人物之间的对应关系，因此可以查看罗盘中的各个卦位所对应的家中成员是否“物得其位，人得其所”。

首先，用罗盘确立阴宅的坐向，划定八卦和二十四山的位置。然后，认真审视与每卦（山）位所对应的外部物体的“气势”和阴阳五行属性。

（1）查看各卦（山）位对应物体的“气势”包括：大小、高低、新旧、众寡等等。例如，二十四卦（山）中震、坎、艮位的“气势”弱，而巽、离、兑卦位的“气势”强，则可以推断该家中的人们阴盛阳衰，男性少，女性多，或男性的事业等状况不如女性好。

（2）再根据“人得其所”的原则，分析家中成员宜居的房间和方位。例如，父母（或者家主）宜居住在乾卦或坤卦之位的房间，长子宜居住在震卦之位的房间，等等。

（3）查看家中与各成员对应的卦位之相应物体对他（她）们的好坏影响。例如，如果该家宅中的乾位上有厨房（特别是炉灶刚好落在乾位上），则可以推断该家庭中可能父亲比母亲先去世；如果坤位有大柱、横梁，或有大树、竹林的图画，则可能母亲比父亲先去世。又如，若震位处有五行属性为金的物体（如宅内有圆形挂钟、金属物品，宅外有铁塔、钢结构建筑等），则家中的长子可能身体欠佳（主要是头部、肝胆或神经系统），等等。

（4）查看各卦（山）位对应物体的阴阳五行属性与本卦位的阴阳五行之间的生克制化关系，进行推断。例如，如果震卦位有水，由于水生木，故可以推断该家庭中的长子财运不错；反之，如果震卦位有大的五行属性为金的物体，由于金克木，故可以推断其长子的事业难成，或身体欠佳，经常会头痛（笔者注：也可能是家中其他人会经常头痛）。

（5）查看各卦（山）位外部环境的“气势”进行推断。如果震卦位外面地势低洼，则该卦位“气势”弱，故可以推断该家庭中的长子事业难成，身体欠佳。但若只是外面的近处地势低洼，远处的地势高亢且草木茂盛，则可以推断其长子的后代会兴旺发达，等等。在查看时务必仔细，对所有的山水、草木要综合考量。

2. 利用罗盘进行流年分析

利用罗盘分析流年应事的方法是：依据各卦位上对应的物体的五行属性与流年太岁的五行属性的生克关系来做出判断。例如，若乾卦位有属性为火的物体（如炉灶、烟囱等），则形成火克乾金的状况。但是，并不是每一年都相克，只是在属性为火的流年（年支为“巳”和“午”的年份）才产生相克的结果。又如，若在坤卦位有属性为木的物体（如木材、木制品、竹、直长之物），则形成木克坤土的状况。但是，并不是每一年都相克，只是在属性为木的流年（年支为“寅”和“卯”的年份）才产生相克的结果。再如，若乾卦位有属性为水的物体（如井、泉、水库、洼地、鱼塘等），则形成金生水的损耗状况。但是，并不是每一年都相生，只是在属性为水的流年（年支为“亥”和“子”的年份）才产生损耗的结果。

读者可以根据自己对八卦类象、五行生克等关系中推演出很多这样的推断结论。本书不再赘述。

在风水界的玄空飞星派，有一本有名的古籍《金锁玉关》，该书流传不广，书中有一套从“九星”的角度勘察分析环境风水的规则，比较庞杂，本书不作介绍，有兴趣的读者可以自己找来此书研究。下面附上《金锁玉关》的经文，供参考。

《金锁玉关》经文

混饨初开立五方　乾坤日月布三纲　周天方象排星斗　天清地浊理阴阳
风雨雷电皆虚气　山岗水阔有良方　乾天坤地分高下　置成顺理送纳常
排成甲子周天地　配合男女两成双　四时八节分昼夜　九宫八卦接天罡
五行颠倒推千转　金木水火土中央　一百二十诸神煞　九十四位吉凶将
几位年并月方利　几位日吉与时良　乾山艮水人丁旺　巽上满墀大吉昌
离上来龙临坟位　子孙代代出文章　田庄人口年年盛　衣紫腰金佐朝纲

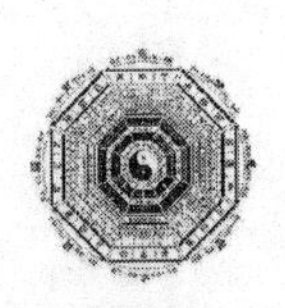

门前曲曲弯弯过　世世荣华又远昌　西北路上气昂昂　此地名为吉庄扬
家家兴隆多豪富　四下平正是天堂　前高后低难长久　后高前抵广田庄
东低西高名逆地　水流震宫不相当　虽然流去无妨碍　亦主人丁窜远方
东高西低为泽地　定主后代出贤良　强然不动皆富贵　后代儿孙作栋梁
宅后池塘主贫乏　又主无嗣腹嗽肠　当前冲水伤五箭　定主痨伤出灾殃
若然冲破二位上　后代淫乱没主张　却然流去无妨碍　宅后池塘渐渐伤
巽上取水难长久　总然富贵不为祥　堂后污地为绝地　东北两箭最难防
却然富贵无多载　十五年后定有伤　后高前低为上吉　壬子旺相进牛羊
资财仓库皆茂盛　富贵荣华大吉昌　后有丘陵前有污　弯弯曲曲透长江
进财添丁牛羊旺　子子孙孙福寿长　四边低洼正中高　水流四散杀人刀
总然四下成龙虎　二十四年主失抛　门前有石倒尘埃　贼盗临门殃愁怀
官事口舌年年有　神箭难防暗射来　四边高广正中低　此地名为地狱池
家门衰败难为厚　阴盛阳衰事渐亏　前窄后宽盛足夸　家道兴隆定富华
子孙昌盛临官照　田园丰厚足桑麻　前宽后窄不须言　定主家乏卖尽田
子孙逃出他方去　只因口大犯凶拳　风雷高广天泽低　有粮有谷足生意
出门车马皆随足　儿孙代代做官厅　左伸右缩最为良　艮上来龙丁财祥
鹰行人仪家和顺　后代儿孙紫衣郎　猪羊牛马成群走　四十年后渐渐扬
子午足足主宽怀　年年进禄广招财　见官得喜方化吉　一世衣禄笑颜开
总然富贵田产旺　后代不脱子孙来　玄武高来朱雀低　门前几道九龙地
东青龙来西白虎　福寿双全受孤悖　两边流水冲中间　前高后窄定招难
人离财散招官事　勇为盗来女要顽　水浇孤村去又来　其中妙里实难猜
世人不识其中妙　山旺人丁水旺财　三山玄武气昂昂　水流东去复潮堂
路冲坤道通来往　不做公侯做栋梁　宅后青山数丈高　前面池塘起波涛
东南流水滔滔滚　九重直上做班僚　去水来山福寿全　绕腰金带出美贤
若得来龙正穴上　代代儿孙出魁元　辰卯青出申末墀　乾涛坎丘福寿齐
丙丁曲水朝拱向　绿袍象带拜丹墀　酉上高岗卯上低　午边广阔后污池
男女内乱无高下　房中寡妇受孤凄　地方广阔四边平　任订立宅去安营
不问山来并去水　家道兴隆百事盈　营后沟河切莫宜　儿孙流落走东西
阴人眼目来残害　少吃无穿受孤凄　草目鲜明色又佳　中间立宅万人夸
此地名为龙穴地　安营立宅定荣华　百事如意家道盛　左右邻田买进家
不信挖出三四尺　轻肥前狭后萱华　坟前穿道最难当　儿孙流落去远方

总然存住皆贫泛　二十年后破败家　地如馒头四下低　四下流水透长溪
高岗岭上难成立　造房安营切莫宜　八风吹散人丁绝　错认时乖时运低
水透青山世所稀　龙盘虎绕两相宜　玄武如峰高六位　中间一块做坟基
多生聪明伶俐于　庄田牛马库全资　此地两边生瑞气　二十年中跃龙池
鸡卵相争最为良　挖深三尺见龙塘　不信左右龙骨在　前窄后宽甲鳞芷
立宅安营是富贵　定生贵子挂金榜　时师岂晓玄中妙　紫气昂昂远四方
顺绝山岗葬个坟　腾蛇文地生贫穷　田产卖尽他乡去　此耿痴腿眼睛昏
坟前两修厥头沟　营后弯弯土一丘　东西若有人行道　儿孙强暴不温柔
此地名为牧牛地　凶横年年祸事愁　不信挖出现仔细　一双石子在里头
平地三墩势若峰　更兼震卯与来龙　北有山岗西有道　中间一块做坟靠
此局金鸡抱蛋地　定主富贵出英豪　不信其中生瑞气　挖深三尺出铜瞧
宅后人家势若峰　犹如交椅一般同　立宅安营多富贵　圣子贤孙保朝封
止风聚气真是妙　紫气腾腾四方飘　森森树木绕山岗　一弯流水透长江
东西龙虎相连接　坡地安营大吉昌　莲池藕地人难识　子孙兰桂主声秀
不信深挖仔细观　藤根九尺有余长　地似鼓形最为奇　定然此做坟营地
何用山来并去水　发福兴隆百事宜　玄武高来朱雀低　若有福人葬此地
田园六畜人丁旺　后代儿孙做紫衣　前后又无山共水　因甚荣华福寿齐
不信深挖三四尺　一团阳气耀光起　平川之地有山岗　山岗安营大吉昌
东西若有神堂庙　儿孙必然广田庄　唯忌逆水伤人箭　后代儿孙主败亡
立宅安营莫避阳　避阳阴气不相当　却然富贵难保后　常常孤妇守空房
造房立营莫向东　向东水流去无踪　虽然目下无灾害　三十年中定主凶
立宅安营莫向西　坤申逆水最难医　虽然富贵无多载　定主逃亡四败离
住宅安营莫向北　向北主家鬼神哭　少年衣服都属眷　财政人亡主破屋
立宅安营向东南　万物朝阳气轩昂　后要栽松前栽柳　四边围护内安康
家常平安人安乐　祖遗砂水子孙昌　莫来山水临官旺　福来无穷渐渐扬
青龙乙脉起峰豪　丙丁潮水又相招　庚辛位上蛇形露　壬癸山峰重重高
戊已位上安一墓　儿孙将相出英豪　此地名为四相地　安营立宅最为高
东南广阔做峰墀　艮乾朝港最可宜　泽西弯曲离边绕　任君立宅做坟墓
此地名为凤凰地　朝阳春色四时奇　有福凤凰身上葬　儿孙代代穿紫衣
丙上沟渠丁上流　辛酉青龙发动舟　四下厥沟为四足　名为龟地好兴楼
不问居住并下葬　儿孙强盛足田畴　猪羊牛马成群走　荣华富贵出诸侯

玄武高来丘陵怀　有水有库有余财　山水相交为上吉　一弯流水去向来
此地名为狮子地　儿孙执笏拜金谐　住宅安营向东南　去水流山仔细看
院里水从长卖出　井泉须向卯边潜　开门莫负天罡诀　三五六七祸如山
又如财门四六七　家和子孝父心安　正屋面前偏一墙　莫呼风箭透门堂
天文地理体违拗　九宫八卦定阴阳　安营立宅不忌方　不论平地与山岗
不问郭摸天罡诀　百般安营家道昌

第五节　关于罗盘三种功能的辨析

古人认为（包括现代的一些风水师）不管任何门派的罗盘，都刻有大量的阴阳两界的数据，因此可以作为一道可以化煞的符，能够以先天之气化后天无形之煞。罗盘还可以用来镇宅、招财。

下面是对罗盘的化煞、镇宅、招财三种功能进行的辨析。

一、化煞

这个“煞”字很容易让人联想到神鬼、煞气等，于是被扣上迷信的“大帽子”。前面曾经说过，古代的风水理论体系中确实有属于糟粕的成分，古人对“煞”的理解确实包含了一些神鬼的内容，但也有与神鬼无关的内容（如风水学中“天斩煞”的概念），不应该全盘否定。笔者认为，我们今天应该在摒弃糟粕的同时，可以从另一个角度理解“煞”。所谓“煞”，也就是煞气，凡是居住环境（内部环境和外部环境）对人们的健康、事业发展、婚姻状况等容易形成损害的各种不利因素都可以看做是“煞”。而不再将它看做古代风水学中涉及神鬼的内容。

按照古代风水学的观点，如果一栋住宅或建筑物的门或窗正对着天斩煞的格局，或者该住宅或建筑物的外面有尖角、庙宇、坟场、电柱等物体，都会形成煞气，进而会影响该住宅或建筑物内部的人或单位的运气、健康等。古人的化煞方法是在门上或窗前挂一个正面朝外的罗盘，正对形煞，且罗盘上的南位向上，即可达到化煞的目的。现在有些风水师认为，只要随身携带罗盘，将它放入公文包、手袋或汽车上，也可达到化煞护身的作用。这种说法就有不科学的成分，往大了说，已经属于迷信的范畴了。例如，2014 年 3 月 30 日，香港一位颇有名气的风水师在广东肇庆勘察一个墓园的风水时遭遇山泥倾泻，被活埋身亡。可以肯定

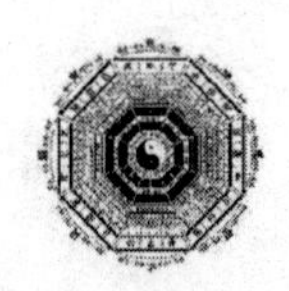

的是，这位风水师一定随身携带了罗盘，却没有起到化煞护身的作用。

现在有许多人喜欢在自家的门窗外挂一块带有八卦图形和镜片的物件，据说是可以挡住煞气。笔者认为这种做法没有道理，原因之一是，那块物件上的八卦图形中各个卦的位置排列有误，而且中间那面小小的镜片不可能挡住所谓的煞气。原因之二是，如果对面的人家或建筑物上有玻璃，又会将挡住的煞气反射回来。在古代社会中，没有玻璃，不存在反射回来的问题，因此，或许能起到一点作用，在现代社会就不起作用了。

二、镇宅

古人认为，有些阳宅中阴气太重，例如，有人见到鬼，或者小孩无故大喊，或者屋宅犯空亡卦线坐向的等，都被认为属于阴气太重的现象。化解的办法是将罗盘放在屋内的四角或对角上，不论任何方位，针头指向南极的零位上，平放在墙角，即可达到兴旺避邪的目的。

对于这种镇宅的方法，如果宅内真的有传说中的鬼存在，为什么罗盘具有超能力，能够驱鬼？古代风水中的这种理论成为被批判为迷信的缘由。笔者相信目前江湖上的风水师们大概都是相信这种理论的。他们没有真正从宜居环境的角度给他的客户提供有益的建议，却利用虚幻的东西迷惑了客户，而且越神秘，显得他的水平越高。

三、招财

古代传下来的风水术中的招财方法是：将罗盘的针尖指向北极，平放在屋内的八白方或七赤方（这两个方位需要根据流年推定），或放在八宅理气的生气、延年、天医，伏位四个吉位上安放，于是便可收到威猛的招财效果。

现在江湖上大概会用这种方法的风水师很少，大部分都是一知半解蒙事。

笔者在另一本书《易源易法》中提出过一种观点，如果那个算命先生算出某个时段内你会发财，那一定是骗你的。再高水平的算命先生充其量能推算出你在该时段内的财运比较好，但并不等于你一定会发财。如果这个算命先生这么厉害，他早就自己算出发财时间点发了财（如在境外的赌场每算一次就赢一把），不算命了。在风水领域也是如此，如果某个风水师真有这样的招财本事，他自己为什么不给自己布置一个招财格局？如果已经给自己布置了，他已经发大财了，还会当什么风水先生吗？

東北鬼門
丑
癸
斗
牛
女
危
寅
甲
卯
乙

第五章 家居外部环境的选择和宜忌

自古以来，就有“鸟择良木而栖，人择吉地而居。”之说。但是择吉地的原则并不完整。古人云：“一方水土养一方人”。其中就包含了外部环境对人的影响的内涵。在古代，真正的风水高手必然也是命理方面的高手。不懂命理的风水先生实际上不会有高超的风水造诣。例如，命理学领域的“四柱推命术”提倡“命理风水术”，认为“八字定性，风水定量”。就是强调风水理论与命理学密不可分的关系。

笔者在为朋友勘察住宅宜居环境的实践中，就是将命理学与风水理论结合在一起进行的。一般而言，应该是“先命理，后风水”。例如，需要在一栋住宅内安放与风水有关的吉祥物，首先要根据此人的属相和命理等因素选择合适的吉祥物，然后再根据风水规则确定该吉祥物安放在哪一个方位。又如，许多人都知道的搬家（无论是公司或家宅）需要择吉。而选择吉日必须将人的命理与该房子的风水格局结合在一起考虑。

笔者特别要强调的是，下面介绍的宜居环境的宜忌规则不是绝对的，与传统文化其他领域一样，这些规则只是推断了某种趋势和可能。同样的外部环境，对不同的人往往会有不同的影响。如果将这些规则绝对化，那就是迷信。

第一节　家居朝向的宜忌

一、坐北朝南之说

太阳是人类生存所需的重要条件，如果没有太阳，也就没有现在的地球和地球上一切生灵。因此，古人的风水理论中，对太阳特别重视。由于中国位于北半球，太阳在我们的南方，为了充分地吸纳阳光，古代风水理论中就有了“坐北朝南”的规则。当然，如果位于南半球，则太阳在北方，这个规则应该变成“坐南朝北”。笔者如果有机会去南半球，将带着这个课题前去实地勘察一番。

但是，由于环境的限制或者由于现代社会中“规划”的约束，不可能做到每一栋建筑物都是坐北朝南的。笔者认为，坐北朝南只是为了实现充分吸纳阳光这个目的的一种手段，因此，不能认为其他朝向的建筑物不好。

在保证阳光充足的前提下，选择住宅的朝向应该结合房屋主人的命理进行判断。这也就是“一命二运三风水”的真谛。首先确定其人的五行属性是什么，然后根据一栋住宅的五行属性与他的五行属性之间相生相克关系，来确定哪一种朝向的房子适合他。

第三章中介绍了古人认为住宅的朝向是根据其大门的朝向决定的，并介绍了古人关于“宅卦”的概念。

乾宅：坐西北，大门朝向东南的住宅。**坤宅**：坐西南，大门朝向东北的住宅。**震宅**：坐东，大门朝向西的住宅。**巽宅**：坐东南，大门朝向西北的住宅。**坎宅**：坐北，大门朝向南的住宅。**离宅**：坐南，大门朝向北的住宅。**艮宅**：坐东北，大门朝向西南的住宅。**兑宅**：坐西，大门朝向东的住宅。

于是，一栋住宅的五行属性就明确了（因为每个卦都有对应的五行属性，无论是先天八卦还是后天八卦在这一点上是相同的）。至于相互之间对应的生克关系，相信读者根据前面介绍的知识完全可以自行推断，这里不再赘述。①

二、“左青龙，右白虎”之说

许多人都知道“左青龙，右白虎”的说法，这个说法源自古代风水理论中的“四灵之地”的概念。所谓“四灵”是指东方的青龙、南方的朱雀、西方的白虎和北方的玄武（见第三章第五节）。古人认为，如果一块地符合“玄武垂头，朱雀翔舞，青龙蜿蜒，白虎驯俯”的条件乃是风水宝地。具体地说，玄武所在的北方有较高的山脉，且其中的主峰的形态是垂头下顾的；朱雀所在的南方有远近呼应的低山小丘，而且其形态如同百鸟来朝；青龙所在的东方的山势要蜿蜒起伏，如同青龙；白虎所在的西方的山形要卧俯柔顺，不能呈现狰狞的凶象。

判断建筑物的青龙和白虎有多种规则并存，从来也没有统一起来。这就导致了不同的风水师勘察结论和建议各不相同，而且无法判断谁对谁错。常见的规则有下述三种：

1. **东青龙，西白虎**。古代看风水不像现代地理学的面向正北方式，即上北下南，右东左西。而是面向正南方式，因此是左东右西。东属木，为青龙；西属金，为白虎。

2. **左青龙，右白虎**。其依据和（1）相同。但这时只论左右，不论方向。

3. **男青龙，女白虎**。这个规则的依据出自“男尊女卑”和“左上右下”的观念。实际上，左侧为上位似乎在全世界通行。在外交礼仪中，细心地读者会发现，凡是两国代表相见，左侧一定是主人位，右侧一定

① 笔者注：在命理学领域，确定一个人的五行属性有两个流派：根据一个人的属相直接确定其五行属性；根据六十纳音的五行属性来确定。自古以来没有统一标准。后者是“四柱推命术”常用的方法，笔者倾向于采用前者，即直接根据属相确五行属性。

是客人位。①

很显然，这样的地形在当代社会已经很少见了，大多数人居住的环境位于平原，根本没有山脉，即使有些山城，也很难找到这样的地形。况且，即使有符合条件的（全部或部分）的地形，也未必能保证居住于此的人一定大吉大利。二十世纪90年代后期，笔者在深圳大鹏湾帮一个朋友勘察时见到了一块基本符合条件的地块，但他没有拿下那块地。笔者估计，即使他拿下，也未必能成功开发，因为他的行事做派实在不敢恭维。

关于“左青龙，右白虎”的几个风水规则。

1.“龙强于虎”

古传的风水理论认为，青龙强过白虎的风水格局是好格局，青龙的位高，则风水好。所谓“宁愿青龙高一丈，不让白虎高一头”。

但是，笔者认为这个规则不能绝对化，死板地运用这个规则会得出矛盾的结论。例如，坐北朝南的住宅，它的东侧是青龙位，西侧是白虎位。东侧紧靠着山下，或在东侧有一栋高楼，符合了青龙位高的标准。但是东侧的山或高楼挡住了提供阳气的太阳，反而会使得风水变坏。

“龙强过虎”不只是指建筑物或山势的高矮，还包括建筑物或山丘的长度。因此有几种形式：

龙昂虎伏：住宅左侧的建筑物或山丘较高，而右侧的较低。

龙长虎短：住宅左侧的建筑物或山丘较长，而右侧的较短。

龙近虎远：住宅左侧的建筑物或山丘距离住宅较近，而右方的距离较远。

龙盛虎衰：住宅左侧的建筑物或山丘很多，而右方的很少。

当然，这个规则不应全盘否定，笔者的勘察实践也确实验证过它。2013年上半年，一位朋友开的拍卖行，前几年的生意状况不错，但近几个月的生意越来越差，心情比较纠结。因此邀请笔者前去拍卖行实地看看。笔者在现场发现，拍卖行所在的办公楼的右侧没有动静，左侧新开发了一个住宅小区，而且紧靠这边就是一栋高层建筑。不但没有“龙强过虎”，甚至成了“有虎无龙”的格局（见下面的第（3）条规则）。生

① 笔者注：左右是以面朝外区分。

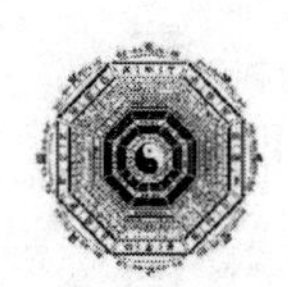

意变差的原因就在于白虎位高于了右侧的青龙位。明白了这个原因，这位朋友无法去改变左侧的高楼，只能搬离该处。

2. “青龙宜动，白虎宜静”

青龙位发生动静对住宅的运气会产生好的作用。但如果白虎位发生动静，如新开一条马路，或右侧的邻居大兴土木，或出现新的建设工地等。这在风水理论中认为是犯了“白虎煞”，很是凶险，易发生家宅不宁、病灾、破财等。需要在住宅右侧的外墙上或住宅大门上方挂一面八卦镜，或者关闭住宅右侧的门（如果有的话）来化解。

3. “有虎无龙”

住宅右侧有高楼或高大建筑物，而左侧却没有，或者左侧的建筑物比自己的住宅还要低。则形成了“有虎无龙”的格局，由于只有白虎，没有青龙，会导致住宅内男性的运气很差。这个规则不只是对住宅有效，对其他用途的建筑物也很应验。

2004年，笔者在北京应朋友的邀请去东郊的顺义区看过一个国医馆的风水环境。原因是这个国医馆的经营状况不好，虽然国医馆的馆主是当代一位名医的再传弟子，医术很好也无济于事。笔者在实地发现，该国医馆的右边有一个木材加工厂，厂房高大，远高于国医馆的房舍。而国医馆的右侧只是京郊农村的平房。这是典型的“有虎无龙”的格局。笔者建议馆主在右侧墙外立一根高于木材加工厂厂房的旗杆，以化解这个格局。

第二节　八宅理论中的吉凶位

成语“四面八方”告诉我们，方向一共有八个：正东、正西、正南、正北、东北、东南、西南、西北。前四个叫做“四正”，后四个叫做“四隅”（也就是“角落”）。另一句成语“向隅而泣”就是描述一个人躲在角落哭泣。前面已经八个朝向的住宅叫做八宅，它们与八卦的方位（后天方位）也联系在一起，所以又有了“宅卦”之说。

一　吉凶位

八宅风水理论定义了八种朝向的住宅的吉凶位，其依据是每个方向及对应的卦象具有各自的五行属性，它与住宅朝向的五行属性之间存在相生相克的关系，于是就有了吉凶位之说。

1. 东北宅的风水吉凶位分析

东北宅（又称：艮宅）：住宅的门朝西南，即住宅坐东北朝西南。

（1）四吉位：

西南方（属土）为：生气方
西方（属金）为：延年方
西北方（属金）为：天医方
东北方（属土）为：伏位方

（2）四凶位：

北方（属水）为：五鬼方

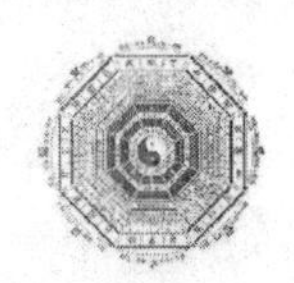

东方（属木）为：六煞方
东南方（属木）为：绝命方
南方（属火）为：祸害方

2. 北宅的风水吉凶位分析

北宅（又称：坎宅）：住宅的门朝南，即住宅坐北朝南。

(1) 四吉位：

东南方（属木）为：生气方
南方（属火）为：延年方
东方（属木）为：天医方
北方（属水）为：伏位方

(2) 四凶位：

东北方（属土）为：五鬼方
西北方（属金）为：六煞方
西方（属金）为：祸害方
西南方（属土）为：绝命方

3. 西北宅的风水吉凶位分析

西北宅（又称：乾宅）：住宅的门朝东南，即住宅坐西北朝东南。

(1) 四吉位：

西方（属金）为：生气方
西南方（属土）为：延年方
东北方（属土）为：天医方
西北方（属金）为：伏位方

（2）四凶位：

北方（属水）为：祸害方

东方（属木）为：五鬼方

东南方（属木）为：六煞方

南方（属火）为：绝命方

4. 西宅风水吉、凶位分析

西宅（又称：兑宅）：住宅的门朝东，即住宅坐西朝东。

（1）四吉位：

西北方（属金）为：生气方

东北方（属土）为：延年方

西南方（属土）为：天医方

西方（属金）为：伏位方

（2）四凶位：

南方（属火）为：五鬼方

北方（属水）为：祸害方

东南方（属木）为：六煞方

东方（属木）为：绝命方

5. 西南宅风水吉、凶位分析

西南宅（又称：坤宅）住宅的门向朝东北，即住宅坐西南朝东北。

（1）四吉位：

东北方（属土）为：生气方

西北方（属金）为：延年方
西南方（属土）为：伏位方
西方（属金）为：天医方

(2) 四凶位：

南方（属火）为：五鬼方
北方（属水）为：祸害方
东南方（属木）为：六煞方
东方（属木）为：绝命方

6. 南宅风水吉、凶位分析

南宅（又称：离宅）住宅的门朝北，即住宅坐南朝北。

(1) 四吉位：

东方（属木）为：生气方
北方（属水）为：延年方
东南方（属木）为：天医方
南方（属火）为：伏位方

(2) 四凶位：

西方（属金）为：五鬼方
西南方（属土）为：六煞方
东北方（属土）为：祸害方
西北方（属金）为：绝命方

7. 东南宅风水吉、凶位分析

东南宅（又称：巽宅）住宅的门朝西北，即住宅坐东南朝西北。

(1) 四吉位：

西方（属金）为：生气方
西南方（属土）为：延年方
东北方（属土）为：天医方
西北方（属金）为：伏位方

(2) 四凶位：

北方（属水）为：祸害方
东方（属木）为：五鬼方
东南方（属木）为：六煞方
南方（属火）为：绝命方

8. 东宅风水吉、凶位分析

东宅（又称：震宅）住宅的门朝西，即住宅坐东朝西。

(1) 四吉位：

南方（属火）为：生气方
北方（属水）为：延年方
东南方（属木）为：天医方
东方（属木）为：伏位方

(2) 四凶位：

西南方（属土）为：祸害方
西方（属金）为：绝命方
西北方（属金）为：五鬼方
东北方（属土）为：六煞方

附：大游年歌诀

大游年歌诀最早是用于命理学领域中合婚的，后来风水学将它应用

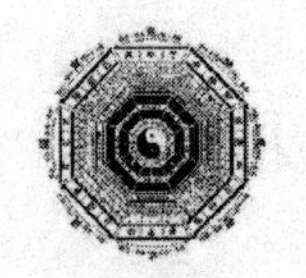

于八宅风水的吉凶推断，称之为“八门飞九星”。

坎　五天生延绝祸六，
艮　六绝祸生延天五，
震　延生祸绝五天六，
巽　天五六祸生绝延，
离　六五绝延祸天生，
坤　天延绝生祸五六，
兑　生祸延绝六五天，
乾　六天五祸绝延生。

有人将上述歌诀用图形表示，有了此图，八宅理论中的八宅的吉凶方位一目了然，可以直接查询。图中八卦从坎卦开始顺时针依次排列为：坎、艮、震、巽、离、坤、兑、乾。

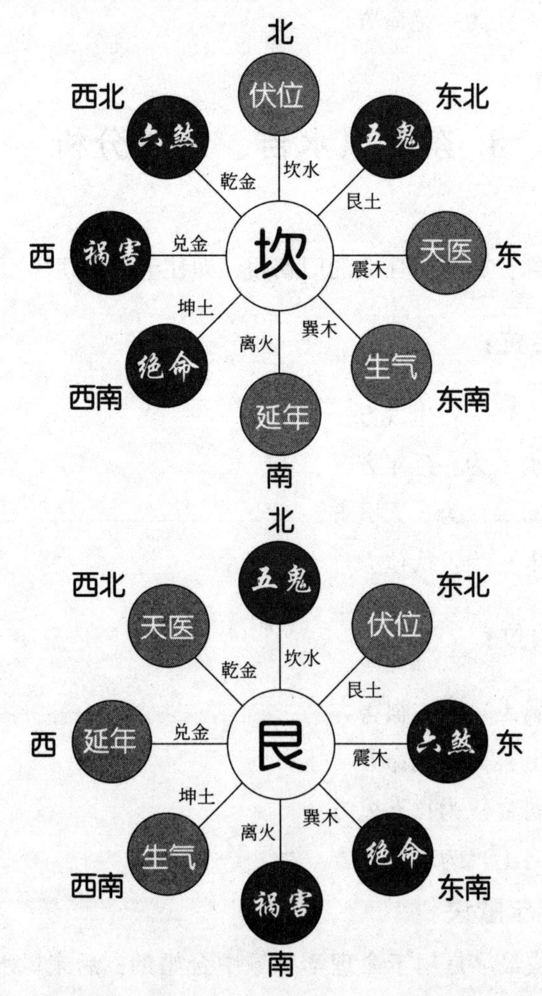

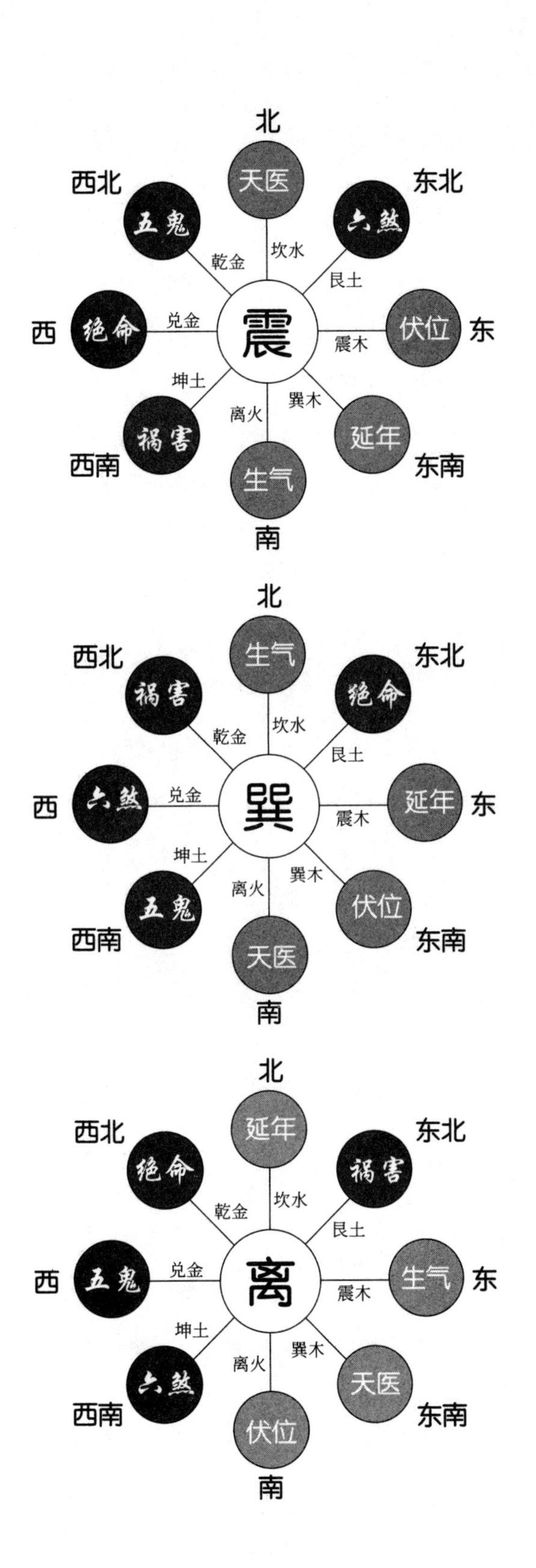
北
西北
东北
天医
五鬼
六煞
坎水
乾金
艮土
西
绝命
兑金
震
伏位
东
震木
坤土
巽木
离火
祸害
延年
西南
东南
生气
南
北
西北
东北
生气
祸害
绝命
坎水
乾金
艮土
西
六煞
兑金
巽
延年
东
震木
坤土
巽木
离火
五鬼
伏位
西南
东南
天医
南
北
西北
东北
延年
绝命
祸害
坎水
乾金
艮土
西
五鬼
兑金
离
生气
东
震木
坤土
巽木
离火
六煞
天医
西南
东南
伏位
南

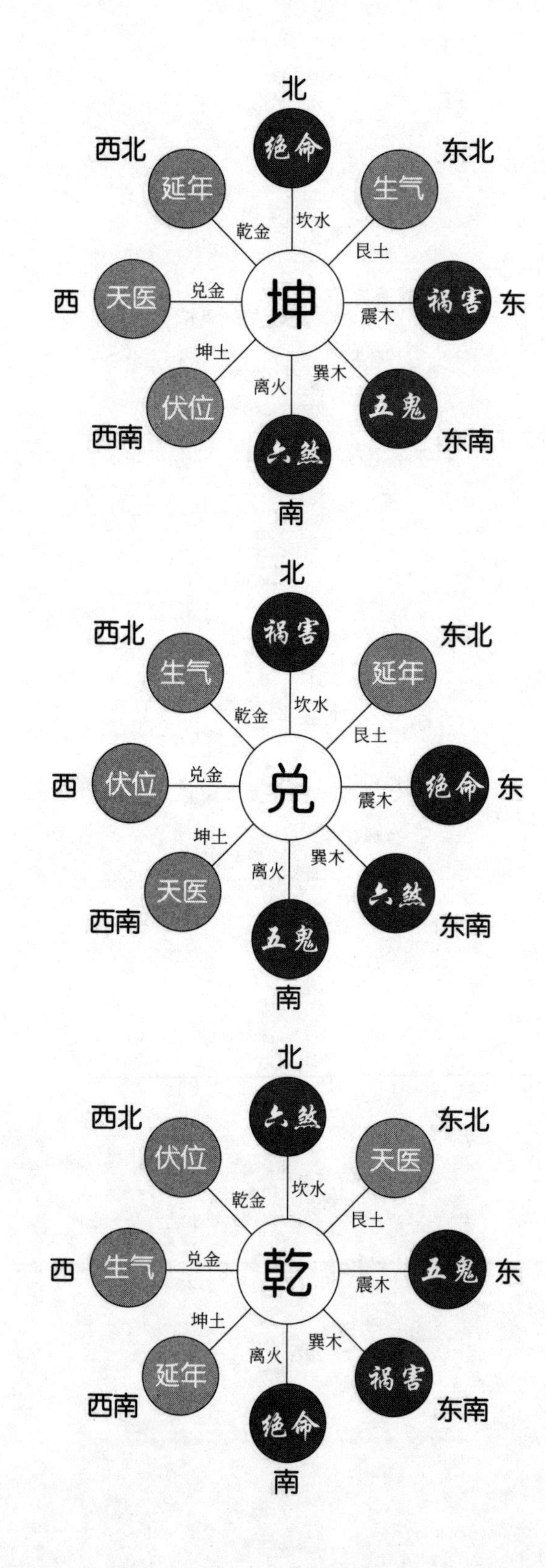
北
绝命
西北
延年
东北
生气
乾金
坎水
艮土
西
天医
兑金
坤
震木
祸害
东
坤土
巽木
伏位
离火
五鬼
西南
六煞
东南
南
北
祸害
西北
生气
东北
延年
乾金
坎水
艮土
西
伏位
兑金
兑
震木
绝命
东
坤土
巽木
天医
离火
六煞
西南
五鬼
东南
南
北
六煞
西北
伏位
东北
天医
乾金
坎水
艮土
西
生气
兑金
乾
震木
五鬼
东
坤土
巽木
延年
离火
祸害
西南
绝命
东南
南

二　方位与亲属吉凶对应关系

按照《易经》理论，八卦的类属与方位和六亲存在对应关系。因此，如果家宅中某一方位被煞气侵扰，则该家庭中对应的亲属受到伤害的机会便会较大。兹把各卦所主的亲属列举如下：

1. **乾卦**，为西北方，主父亲或男性长辈。亦即，如果家宅的西北方被煞气侵扰，则该家庭中的父亲或男性长辈容易受到伤害。

2. **坤卦**，为西南方，主母亲或女性长辈。亦即，如果家宅的西南方被煞气侵扰，则该家庭中的母亲或女性长辈容易受到伤害。

3. **坎卦**，为北方，主中年男性或排行居中的男性。亦即，如果家宅的北方被煞气侵扰，则该家庭中的中年男性或排行居中的男性容易受到伤害。

4. **离卦**，为南方，主中年女性或排行居中的女性。亦即，如果家宅的南方被煞气侵扰，则该家庭中的中年女性或排行居中的女性容易受到伤害。

5. **震卦**，为东方，主长男。亦即，如果家宅的东方被煞气侵扰，则该家庭中的长男容易受到伤害。

6. **兑卦**，为西方，主少女。亦即，如果家宅的西方被煞气侵扰，则该家庭中的少女容易受到伤害。

7. **巽卦**，为东南方，主长女。亦即，如果家宅的东南方被煞气侵扰，则该家庭中的长女容易受到伤害。

8. **艮卦**，为东北方，主少男。亦即，如果家宅的东北方被煞气侵扰，则该家庭中的少男容易受到伤害。

第三节　外部环境中的水域和河流的宜忌

古人云："众山止处是真穴，众水聚处为明堂，山环水抱必有气。"又云："明堂平旷，万象森罗；众水朝归，诸山聚会，草盛木繁，水深土厚"。又云："智者乐水，仁者乐山"。又云："水曲财聚，水直易贫"。可见古人对水环境相当重视。

外部环境中的水域对宜居环境的影响显而易见，具体的影响作用，则需要根据水域的形态、所处的位置和其人的命理加以分析推断。

例如，许多人都知道一句俗话："水为财"，就误以为水多一定好，其实未必。因为还有一句老话："水火无情"。前面曾经提到的笔者在上海嘉定帮一位苏州朋友勘察的案例。当时他曾经问笔者，他要笔者根据他家里固定电话的号码推算他在苏州的家宅的风水问题（笔者没去现场），笔者起卦后推断，他的家宅靠近水边，他告诉笔者确实如此，他的家宅是在河边用石头砌起来的。但是由于他生于 1953 年，笔者告诉他，水太多对他不好，建议他在住宅周边某些位置种植一些树木，按照水生木的规则，让过多的水减弱一些。

又如，笔者的一个亲戚四年前看中了珠海市海边的一个楼盘（近水），打算购买一套别墅。笔者平时没事不可能去关注一个楼盘的整体风水环境，但这次去勘察了，让他别买。因为那里的海边形态，让这个楼盘处于弓背上，整体格局不好（见下图），他果然没买。事后，即使在房地产高峰期间，这个楼盘整体销售很不好，直至今日还有很多房子空置。

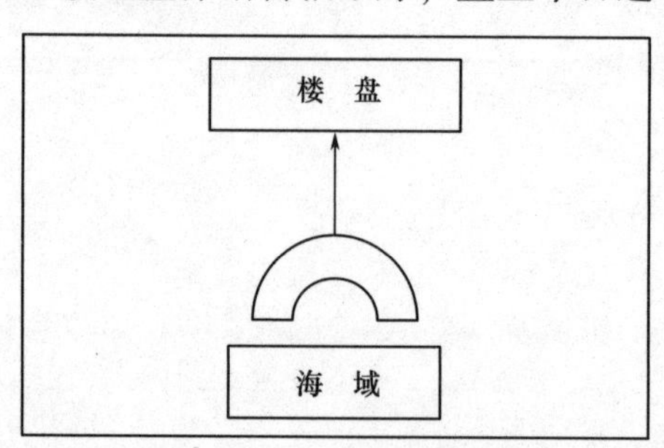

无论靠山还是临水，古人留下来的风水规则中很少涉及地质灾害问题。但现在由于人类对大自然的过度、不合理的开发，破坏了生态环境，导致地质灾害频发。因此在考虑现在的宜居环境时务必要增加地质灾害的考量。①

---

① 笔者注：对于上述这些理论不可以太执着，否则就是迷信了。著名的建筑大师贝聿明认为，依山傍水等建筑风水应该相信。但太过分，就成了迷信。

第六章 家居房型、内部布局的选择和宜忌

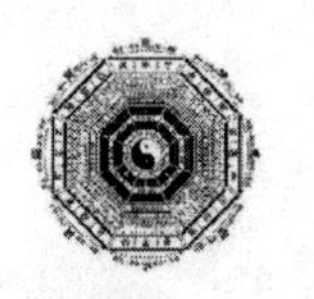

古代风水学研究的主要内容之一就是山川、建筑物等的形态。所谓“形态”，是指外部形象和内部状态。建筑物的外部形象（外形）可以根据其五行属性加以区分，然后再推断这种属性是否适合房主居住。①

① 笔者注：此时又会面临如何确定房主的五行属性，前面已经介绍，在命理学中，有两种方法，笔者主张直接根据属相确定，这里不再赘述。

第一节　房型选择

所有的房型以方正最为理想，但是现代城市中的住宅难有十分方正的房型，往往是不规则的房型。例如：

西北角（乾位）有缺角的房型，对家中的男性不利，尤其是反映在男性的事业会有阻碍，易犯小人，且腰部、肾脏等部位的健康有问题。特别是逢狗年、猪年、龙年和蛇年等年份更为明显。对此，可以在西北角放置泰山石填补缺角，起到化解的作用。

西南角（坤位）有缺角的房型，对家中的女性不利，尤其是反映在女性的事业会有阻碍，婚姻感情不顺，易犯小人，且脾胃等部位的健康有问题。特别是逢羊年、猴年、牛年和虎年等年份更为明显。对此，可以在西南角放置泰山石填补缺角，起到化解的作用。

如果别墅的前后门正对直冲，或公寓房的主阳台与副阳台的门正对直冲，此乃“一见穿屋”的格局，既不利于聚财，还会影响家人的身体健康。

有些别墅或顶层的公寓房喜欢在楼顶加建一间前后左右皆空的独立小屋，此乃“抬轿”型的格局。对该家庭极为不利，容易家宅生乱、事业失败、财运破损，还容易发生桃花劫。

凡是带有圆形上盖的或者金属结构的房子，其五行属性为金，不适合属虎和兔的人居住或办公，但比较适合属鼠和猪的人。

凡是长方形的、狭窄形的或木结构的房子，其五行属性为木，不适合属牛、龙、羊、狗的人居住或办公，但比较适合属蛇和马的人。

凡是外形带波浪形（如屋顶、外墙）或被水包围的房子，其五行属性为水，不适合属蛇、马的人居住或办公，但比较适合属虎和兔的人。

凡是红色外墙或紧靠着窑厂、锅炉等物体的房子，其五行属性为火，不适合属猴、鸡的人居住或办公，但比较适合属牛、龙、羊、狗

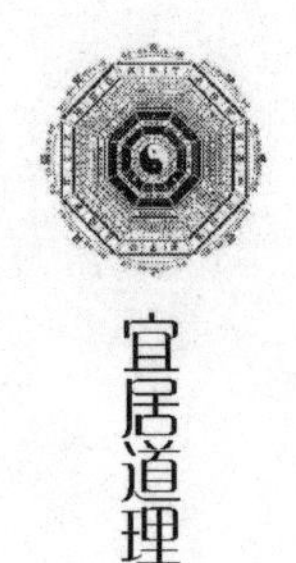

的人。

凡是外形为正方形或紧靠山坡、巨石的房子，其五行属性为土，不适合属鼠和猪的人居住或办公，但比较适合属猴、鸡的人。①

第二节　公寓楼层选择

现在大小城市中的住宅极大多数是公寓式的，别墅（国外称为House）和联体别墅（国外称为Town House）价格很高，只有少数人能买得起，也没有楼层的选择问题。因此，公寓楼的楼层选择是大多数人的需求。

笔者的实践经验是，在选择楼层时需要用到八卦的先天数。2013年一位朋友打算买一套公寓，笔者根据他的属相选择了适合他的楼层。后来他与其他人去看房时，有一位女士想买六楼的公寓，笔者的朋友建议她问我，适合她的楼层。在电话中笔者问了她的属相是蛇，笔者告诉她，六楼不适合她居住。她发现果然如此，因为她原来的房子在六楼，但是家庭破裂。于是她改选了笔者建议的适合她的楼层。当然这个例子也许纯属巧合，但笔者认为有一定的道理。

前面已经介绍，八卦的先天数是：

乾一、兑二、离三、震四、巽五、坎六、艮七、坤八。

八卦的五行属性是：

乾兑属金、离属火、震巽属木、坎属水、艮坤属土。

十二生肖的五行属性是：

猴、鸡属金，虎、兔属木，鼠、猪属水，蛇、马属火，牛、龙、羊、狗属土。

---

① 笔者注：这些规则并不是绝对的，因为即使已经购买或居住了某种属性的房子，还可以通过适当的调整布局加以改善。因为现在房地产商开发的房子除了由于位置的不同形成不同的五行属性外，就建筑材料或外墙颜色而言都基本相同。只要能进行适当的调整，依然可以购买或居住。

根据楼层数即可得到对应的卦和五行属性，再分析与房主属相的五行属性之间的相生相克关系，即可得知哪一个楼层适合居住。

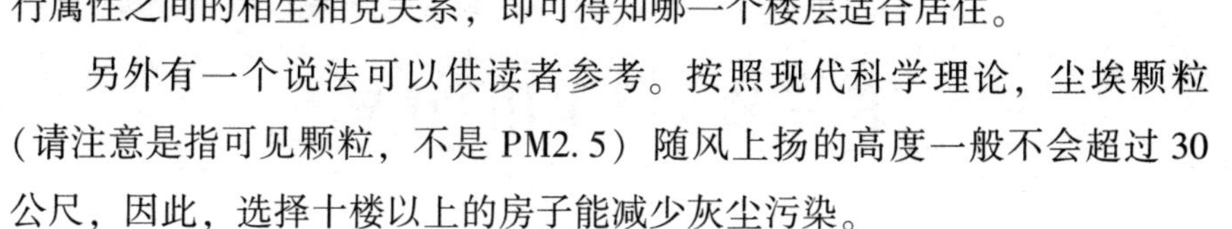

另外有一个说法可以供读者参考。按照现代科学理论，尘埃颗粒（请注意是指可见颗粒，不是 PM2. 5）随风上扬的高度一般不会超过 30 公尺，因此，选择十楼以上的房子能减少灰尘污染。

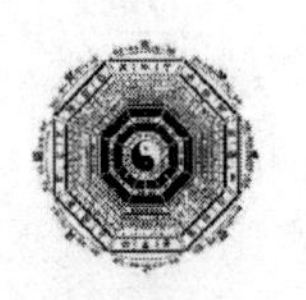

第三节 大门的宜忌

古传风水理论主张，住宅的大门是家宅的主气口，吉气自大门而入，煞气也是从大门而入。故大门的风水非常重要。《辩论三十篇》曰："阳宅首重大门，以大门为气口也！"古人又云："大门者，气口也。气口如人之口，气之口正，便于顺纳堂气，利人物出入。"

八宅派认为，东四命之人的家宅之门开在东四宫为吉位；西四命之人的家宅之门开在西四宫为吉位。而理气派对大门的观点也有其自己的见解。但无论哪一派的观点，关于开门的基本认识是一致的，都将大门为气口。

一、住宅的朝向

一栋建筑物或一套住宅的大门既是分隔内外空间环境的分界线，又是内部空间的一道屏障，也是建筑物或住宅的主要气口。在古代的建筑物中，按照八宅风水学理论，大门无疑是主气口（最大的气口）。现代的住宅，尤其是公寓楼中的住宅，大门只有一公尺多一点，而主阳台的进气口要比大门宽得多，因此，笔者认为这种住宅的主气口已经不一定是大门，而可能转移到了主阳台。在古代，一栋建筑物的朝向由大门决定，但现代建筑物或住宅的朝向由于主气口的变化，应该将大门和主阳台结合在一起综合分析勘察。在第三章和第五章第中都提到了住宅的朝向问题，但是"法无定法"，风水理论自古至今就没有统一标准，读者可以根据自己的理解和感悟进行勘察和分析，自己的宜居环境自己做主。

在利用罗盘勘察时既可以站在宅外，也可以站在宅内。站在宅外的方法请参见第四章第四节。站在宅内的方法需要站在住宅内的中心点，面向着大门（或主阳台），则所面向的方位便是"向"，而与"向"相对的方位便是“坐”。这里所谓的“中心点”，另外有一个名称叫“宅心”（又叫“宅神”）。中山大学的杨维增教授在他的《周易与住房风水》（中山大学出版社，1993年版）中详细介绍了宅心的概念和确定宅心的规则。本书不作详细介绍，有兴趣的读者可以看杨教授的书。笔者倾向于前一种方法，在实践中确定住宅朝向时常用站在宅外的方法。

无论哪一种方法和观点，有一点是共同的，那就是八卦的方位（后天方位）不会因为方法的不同而变化。即，乾卦位于西北、坤卦位于西南、震卦位于正东、巽卦位于东南、坎卦位于正北、离卦位于正南、兑卦位于正西。再结合房子主人的命理状况，依然可以进行独立的勘察和分析。

二、形煞

一套公寓房对外一般只有一扇门，即大门（入户门），而一栋别墅却可能有多扇对外的门：大门、后门、边门等。在住宅内部各个房间、厨房、卫浴都有独立的门。在所有的门之中，大门是最重要的门。

在古代风水理论中，特别强调“煞”的概念和如何化解“煞”的措施。所谓“煞”分为“形煞”和“气煞”（即煞气）。下一节介绍的“玄关”位于门内，所以有一个重要作用是化解来自外部的气煞。而大门除了挡住煞气的作用外，另一个重要作用是化解外部环境中的形煞。

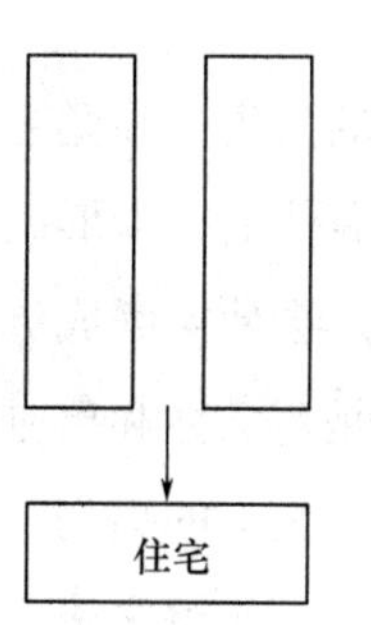

天斩煞

形煞主要有：天斩煞、尖角煞、街巷直冲、斜路直冲、反弓煞、穿心煞、顶心煞、开口煞、壁刀煞、烟囱煞等。下面介绍其中几种主要的形煞。

天斩煞：住宅的对面有两幢高楼大厦之间的距离很近，形成一条狭窄的空隙，如同有一把刀从天而降斩成两半，这个空隙正对着住宅，即形成了天斩煞，如左图所示。面对天斩煞的住宅，宅中之人会有血光之灾的凶险。而且，凡空隙越窄长、离建筑物或住宅的距离越近，则凶险越大。

化解之法：在面对天斩煞的方向摆放龙龟或五帝钱串。①

龙龟

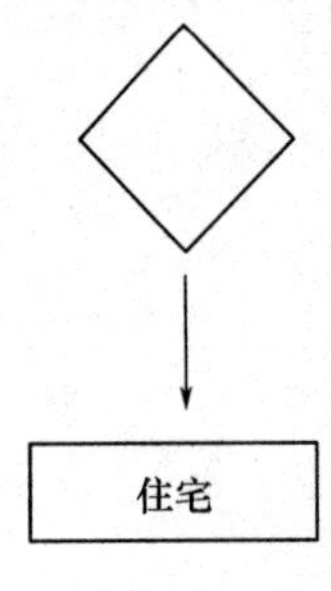

尖角煞

笔者认识的一位商人，20 世纪 90 年代中期在广州开了一家卖卫浴洁具的商店。笔者在路过广州时顺便帮他看了以下风水。发现外部环境很不好，左侧是一座高架桥直冲而下，对面是很典型的天斩煞格局。笔者提醒他，如果可能就换一个地方开店，如果不换，就需要加以调整。但是他不以为然，这家店开了不到一年就关掉了。刚好印证了“不关不吉，关门大吉”的说法。

尖角煞（又称为刀煞）：门外或窗外有其他建筑物的尖角（屋角、屋檐等）、假山石或其他尖形物体，形似一把刀的刀口对着住宅，即形成了对建筑物或住宅的尖角煞（刀煞），如右图所示。尖角煞会使家庭成员的健康会受到极大影响，对于一些长期慢性顽疾，尤其是疼痛性和出血性的病症，容易引起反复发作，同时容易引起扭伤，刀伤之类的损伤。家人发生意外伤灾。

化解之法：可在面对尖角的窗口处放置一枚狮咬剑。②

顶心煞：是指住宅面对灯柱或电线杆所形成的煞气，屋主容易脾气爆躁，不易沟通，并且易发生血光之灾，或者视力有损。

---

① 笔者注：所谓“龙龟”是一种吉祥神兽，风水界常常用来化解煞气。龙龟又称为“赑屃”（bi xi），是中国古籍中记载的一种瑞兽，相传为龙的九子之一，头是龙，身为龟，为纯阳之神兽，能辟邪、制煞、化冲、解厄、镇宅、招财、聚财，是权力和长寿的象征。

② 笔者注：所谓“狮咬剑”也叫“狮咬剑牌”，是风水界常用的一种化解煞气的用品，见下图。古代风水师认为狮子是吉祥的瑞兽，因此设计了一种风水用品，上面有八卦和狮子咬着一支剑的图案。古代风水师认为这个牌能挡住“尖角煞”、“开口煞”、“剪刀煞”等多种形煞。它能以煞制煞，化解凶险。

狮咬剑

化解之法：在面向煞气的方向放置八白玉或五帝铜钱便可。①

五帝钱

反弓煞

一栋住宅门前的道路有弧形的弯曲，而且凸出部分冲着住宅。就像

① 笔者注：所谓“五帝铜钱”（风水界通常称为“五帝钱”）是指清朝顺治、康熙、雍正、乾隆、嘉庆五个皇帝时期的铜钱，见下图。但是，现在街边地摊上有很多这样的铜钱，基本上都是后来仿制的。甚至还有些人说，他的铜钱是开过光的，这纯属忽悠买家，因为五帝钱与宗教没有任何关系。五帝钱在使用时常见的形式是将五个铜钱串在一起。

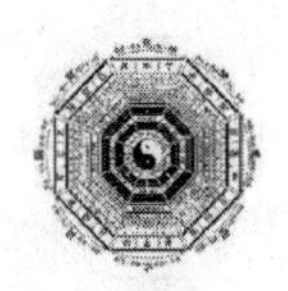

一把弯弓的弧形部分对着住宅，如同一把弓或弩对着住宅射箭（见下图）。如果住宅前的河流、水域也是如此状态对着住宅，也属于反弓煞。

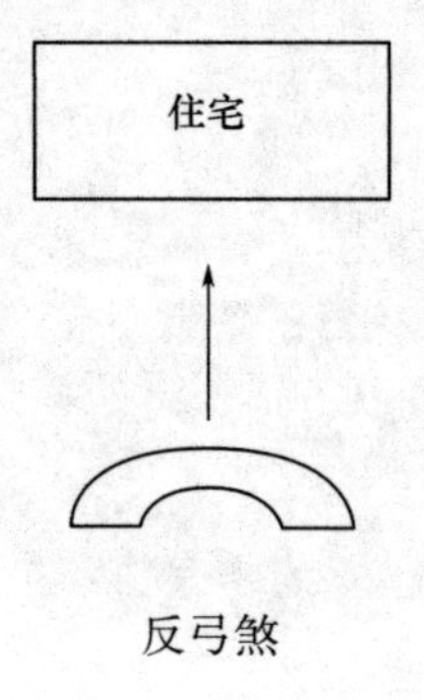

反弓煞

化解之法：在反弓位安放葫芦和五帝古钱，也可以放置一对麒麟来化煞。

街巷直冲

住宅大门正对着大路，如同大路对着住宅直冲而来。这种格局类似于天斩煞，只不过是对面不是一条狭窄的空隙，而是一条大路，见下图。这种格局的不吉之处与天斩煞类似。

化解之法：与化解天斩煞的方法类似。

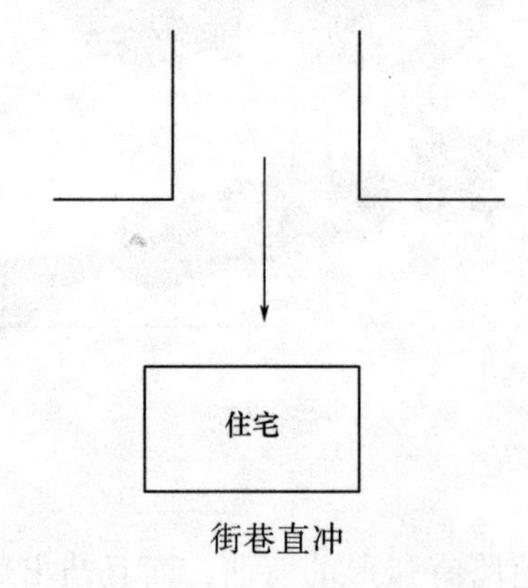

街巷直冲

穿心煞

近年来许多城市开始兴建轨道交通，这对改善城市交通状况很有帮助，并且由于公共交通的发展，减少了私家车出行排出的汽车尾气，对改进城市空气质量很有好处。在有城市地铁上盖建设的住宅由于地下有地铁列车穿行，或者住宅下方建有隧道，则属于“穿心煞”的格局，见下图。这种住宅中的人家会身心不宁，需要采取适当的化解措施。

化解之法：在适当的位置挂葫芦、八白玉、五帝钱①，或摆放貔貅等)。

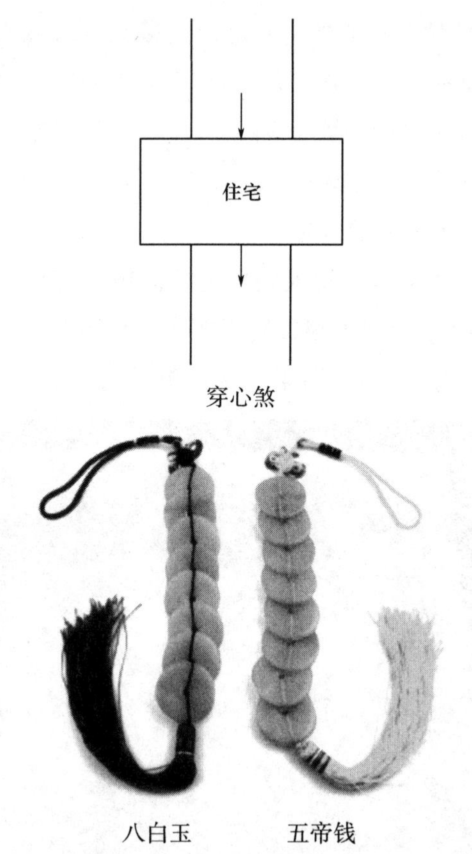

穿心煞

八白玉　　　五帝钱

开口煞：是指住宅大门面对电梯就犯了“开口煞”。会造成家运不济、守不住钱财、家中成员容易生病的反效果，同时易有血光之灾。

化解之法：在住宅内面向电梯方向放置一个狮咬剑，再加上五帝钱串。

刀刃煞：是指有些住家门口会有停车棚一类的建筑，而波浪状遮雨顶棚就会给一搂的住家造成一个“刀刃煞”。“刀刃煞”的主要影响就是会加大家人意外之灾的概率，容易发生头部遭到撞击等意外。

化解之法：采用传统的“龙龟化煞”之法。即在家中对着波浪状遮

---

① 笔者注：所谓“八白玉五帝钱”，也是一种常见的风水用品。八白玉是指用白玉（最好的当然是和田白玉，其实青海白玉也未尝不可）雕刻成的吉祥物，例如，葫芦、平安扣等。也有人将八白玉和五帝钱结合在一起组合成风水用品，见下图所示。

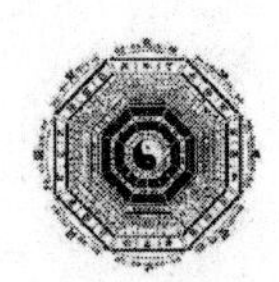

雨顶棚的窗台上摆放一只“龙龟”，其意义在于用具有硬度龟壳来形成一道盾牌，挡住“刀刃煞”的袭击。

壁刀煞：住家对面有大楼，而这栋大楼又没有和自家的楼房对齐，那么它的墙壁的壁面就像一把刀面一样直接的平面的向住家的窗口切过来，就会给屋主造成“壁刀煞”。注意，这种“壁刀煞”的影响是非常严重的，如果你发现了，请务必及早改善！“壁刀煞”会影响到屋主的身体健康，尤其容易造成意外的血光之灾。

化解之法：在“壁刀”切入处挂上凸面镜就可以化解。“长壁刀”（即对面的大楼很大，墙避面很长）需要用山海镇①来化解。不论是凸面镜还是山海镇都会像一个盾牌来将壁刀的煞气化解掉。

山海镇

天桥煞：在现代城市中建了许多人行天桥、高架路或立交桥，结果形成了这种天桥煞。一条自高而下的天桥常有弯斜的去势，天桥为虚水，斜去而水走，是泄财象。天桥环抱为吉，反弓为凶，但是一条天桥横放在大厦的面前，你们知道是吉还是凶？天桥煞是在高的地方一直向下斜落没有弯段。犯上一桥煞的多数是财运差，因为有泄财之意，天桥煞都

① 笔者注：所谓“山海镇”也是一种常见的风水用品。在它的图案中央有八卦太极图，左右各安日与月，中间画三山五岳，四周是五湖四海。古代风水师认为，山海镇具有移山排海，将煞气完全排除，颠倒阴阳之功效。山海镇有木质、铜质等多种材料制成。

是一样。

化解之法：是在见到天桥下斜的方位，靠较高的一端，摆放一头铜制大象以收外泄之气。

冲煞：现在城市中的高层楼宇比比皆是，按照风水理论的看法，五楼以下的住宅，由于被灯柱或高大树木阻挡，则容易形成冲煞的格局。犯此煞者，家人容易染病。

化解之法：在煞气来的方向悬挂五帝钱或放置文昌塔。①

文昌塔

其余的“形煞”可以参见“附录”，这里不再逐一介绍。②

三、大门的尺寸和颜色的宜忌

1. 大门的尺寸

在古代或者现代有些农村中，或许可以自行设计并确定自家大门的尺寸，但在现代城市中凡购买的商品房，大门的大小尺寸都已经设计、

① 笔者注：在我国多个地方保存了古代留下的文昌塔建筑，其中比较有名的是：白马寺的文昌塔、广东高明的文昌塔等。风水界则用文昌塔来化解煞气。文昌塔有多种材料制成：铜质、木质等。

② 笔者注：遇见上述的形煞，可以设法化解。但最好的办法是在选购住宅时不买外部有形煞的住宅。

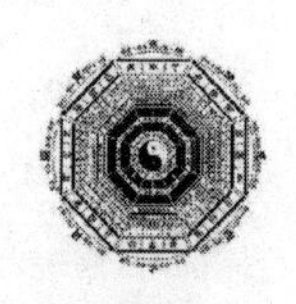

建造完成。自己基本上没有选择权。有些人可能会对现成的大门自行加以改造，在改造时须注意以下几点：

① 门的大小须与房子的大小匹配，如果门过大，属于不吉的格局。

② 在公寓楼里常常是两户相对，如果对门人家改造大门后，门的尺寸大过自家，则会影响自家的运气。也可以采用适当的方法进行化解（请见下一节）但是，笔者也不主张将自家的大门一定要改造得大过对门许多，这样会影响对门人家的运气。凡事应以和为贵，邻里之间的和谐相当重要。就像笔者前面说过，有些人家在门外或窗户外挂一面八卦镜，将所谓的“煞气”挡回去。但这种做法对于对门或对方不好，属于“损人利己”，不是和为贵的做法。因为如果对门也采用这种方法，互相挡所谓的“煞气”，那怎么办？

③ 如果大门的方向不正，是斜的，这属于“歪门”，如果楼道的走向也是斜的，则符合“歪门邪道”的格局。下一节中将介绍调整办法。

2. 大门和门口踏脚垫片的颜色

根据《易经》理论，五色各自具有对应的五行属性。

金黄色、银白色属金，绿色、蓝色属木，黑色属水，红色属火，灰色、褐色、土黄色属土。

再根据房子主人的五行属性和五行之间相生相克的关系就可以确定他的住宅的大门适合采用哪一种颜色。

例如，房子主人属猴、鸡，则住宅大门适合采用金黄色、银白色（因为属金）和灰色、褐色、土黄色（因为土生金），不宜采用红色（因为火克金）。

又如，房子主人属马，则住宅大门适合采用红色（因为属火）和绿色、蓝色（因为木生火），不宜采用黑色（因为水克火），等等。

而门口踏脚垫片的颜色则应该根据大门的朝向的五行属性与各个方向的五行属性之间的关系做出选择：

若大门朝向正东、东南，则宜采用蓝色、绿色（属木）或黑色（水生木）的垫片。

若大门朝向正南，则宜采用红色（属火）或蓝色、绿色（木生火）的垫片。

若大门朝向东北、西南，则宜采用灰色、褐色、土黄色（属土）或红色（火生土）的垫片。

若大门朝向正西、西北，则宜采用金黄色、银白色（属金）或灰色、褐色、土黄色（土生金）的垫片。

若大门朝向正北，则宜采用黑色（属水）或金黄色、银白色（金生水）的垫片。

上述规则可以延伸到宅内各个房间的门和门口垫片的颜色选择。当然，在同一套住宅内不可能因为各个房间居住的人的属相不同，因此把各个房间的门涂上不同的颜色，这样的做法导致一套住宅内颜色混杂，破坏了整体性。合理的解决办法是在各个房间的门上挂上相应颜色的吉祥物。但房间门口垫片的颜色可以各不相同。

四、大门风水问题的化解方法

1. 门的颜色不合适

购买现成房子，尤其是精装修的房子，门已经装好，门的颜色自然已经确定。如果不适合房子主人的属相，对此，化解的方法是改变门的颜色。

2. 门的朝向不正

有些公寓楼限于某种原因（设计方案、为了增加宅内面积等等使得有些公寓的入户门不是朝向四正（即正东、正南、正西、正北），而是斜向的。对此，化解的方法是，在允许的范围内做局部修补，适当调整入户门朝向，或者在宅内的玄关处进行补救（请见“玄关”一节）。

3. 门口的光线不足

如果门口的光线不足，显得昏暗。对此化解的方法是，优先考虑自然光的采光，例如，若入户门外的窗户被遮挡，则去掉遮挡，增加采光。如果自然光无法增加（例如入户门外附近没有窗户），则需补充门外的照明；如果光线严重不足，可以在门内的玄关位置再增加照明。

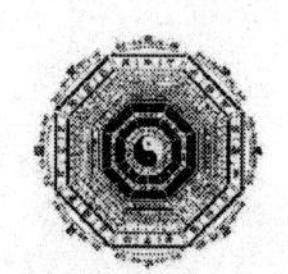

4. **入户门正对着上下楼梯**

如果是正对着向上的楼梯，形成了自己住宅被冲的格局，会影响家人的健康。可以在门外加上合适的踏脚垫片（请参见2、(2)）或者在宅内玄关处安放一块屏风遮挡。

如果是正对着向下的楼梯，形成了泄气的格局，不利于聚财。可以在宅内玄关处安放一块屏风，或一对貔貅，或一只口中不含金钱朝向门外的三脚蟾，减少外泄。

五、大门格局之忌和化解

1. **穿心门**：大门正对走廊或通道的格局称为穿心门。如果宅内部的进深小于走廊的长度，则更为不利。化解办法是在门内装上屏风，以阻隔外部气流对家宅的影响。

2. **正对楼梯**：大门正对楼梯的格局在风水学视为内财外流。这样会影响家宅的安宁和财运，化解办法是在门内放置大叶植物，如发财树、金钱树，起到招财进宝之功效。

3. **正对电梯**：大门正对电梯的格局在风水学中视为犯门冲，乃不吉之相。这样会影响住宅的安宁，化解办法也是在门内装上屏风，以阻隔来自电梯的气流对家宅的影响。

六、开门的宜忌

1. **开门三宜**

以下三种情形在风水学中称为开门见喜。

① 开门见红：一开门见到红色的墙壁或饰品。

② 开门见绿：一开门见到绿色植物。

③ 开门见画：一开门见到一幅雅致的图画。

2. **开门三忌**

凡是出现以下三种情形之一，均属忌讳。

① 开门见灶：会间接影响家人的饮食健康，风水学称为火气冲人，钱财多耗，无法进入。

② 开门见厕：秽气迎人，影响来者心情，给人不敬之感。

③ 开门见镜：在风水学中有镜子将财气反射出去之说，镜子不宜正对大门。

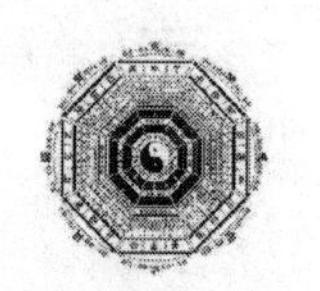

第四节　玄　关

“玄关”是中国道教的一个特有名词，出自《道德经》的第一章：“玄之又玄，众妙之门”。道教的修炼者将它称为“玄关”，是指修炼过程中的一个突破关口，认为过了这个关口就能提升修炼的层次。后来风水学将它用于室内建筑中的一个区域的名称。是指进入住宅内的第一个空间，通过了这个空间就能登堂入室，进入正室。它是住宅内外的一个过渡区域。具体用来在进入住宅后更衣换鞋，安放鞋柜等，还可以起到内外环境的隔离和遮掩隐私的作用。它的面积不大，却是出入住宅的必经之地。按照风水理论，玄关的重要作用之一是化解来自外部的煞气。因此，玄关的设计和修造对住宅内部的宜居环境十分重要。①

一、玄关的宜忌

玄关设计的基本原则是简洁、明快、实用，切忌繁琐、凌乱。

1. **布局**

凡是购买的公寓房的玄关，其空间位置、形状、大小基本上已经确定，难以做大的变动。笔者尤其不赞成江湖上一些风水师的做法，要求业主做过多的拆除、新建工作。或许这些风水师认为，这样做显得他的水平高，其实效果的好坏他自己也未必讲得清楚，只是折腾而已。

对于已有的玄关空间在设计时应掌握因地制宜、风格简约、减少棱角、自然采光、地面平整，将客厅或餐厅遮掩得当，以及玄关内部尽量保证线条平滑、圆润等原则。避免奢华、花哨、杂乱等情况即可。具体

① 笔者注：网上有人说，“玄关”的说法源自日本，这是错误的，是日本人吸取了中国传统文化中道教和风水学的概念。

的设计要求见下面的论述。

玄关顶上的天花板不宜太低，否则会影响家庭的运气，对家人的事业、财运等都不利。天花板高，则对住宅的运气会有助益（当然要适度，不宜过高）。

玄关不是杂物间，如果用来堆放杂物，会使得玄关杂乱无章，失去玄关的真正作用。

2. **高度**

一套公寓房的总高度在建造时已经确定，无法改变。但人们在装修时会根据房型和个人的喜好等因素或者将地面垫高，或者加装天花板。无论哪一种设计，关键要保证玄关部分的高度不能过低。从现代宜居环境的观点看，这样会给人产生压抑感，也不利于进屋后更衣换鞋。从古代风水理论的观点看，高度过低，对阻挡和化解从门口侵入的所谓“煞气”不利。

3. **色彩**

玄关内部的色彩选择，首先要与整套房子的风格一致，色差不宜太大。而色彩的选择应该根据房子主人的属相和命理需要来确定。这一点与确定大门颜色的原则基本一致，请参见上一节，这里不再赘述。

此外，玄关天花板的颜色不宜比地板的深，否则会造成压抑感。

玄关地板的图案以简约为宜，应避免选用那些多尖角的图案，尤其要避免图案中有尖角类线条冲客厅。

4. **照明**

玄关处应该光线充足，不宜昏暗。如果有自然光源，不要封闭起来，应尽量利用。但大多玄关处没有窗户，则需要用灯光补充。安装灯光的原则是：

① 顶灯宜采用圆形灯（有“天圆地方”之意），但不宜采用大型吊灯。也不要为了所谓的美感而采用带有棱角的灯具。如果把数盏筒灯或射灯安装在玄关顶上，则应避免将灯布置成三角形，最好排列成方形或圆形。

② 有些人家喜欢在玄关加装射灯，这无可厚非。但射灯的方向不可对着内部，应该对着入户门。射灯的数量应利用八卦先天数的五行属性与房主的属相之间生克关系确定。即：

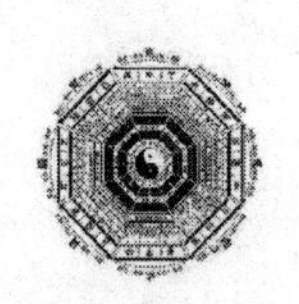

乾一、兑二、离三、震四、巽五、坎六、艮七、坤八，

乾兑属金、震巽属木、坎属水、离属火、艮坤属土，

猴鸡属金、虎兔属木、鼠猪属水、蛇马属火、牛龙羊狗属土。

二、玄关的附件

1. 镜子

在玄关安装一面镜子是常见的现象，镜子可以正衣冠。但不宜安装在面向大门入口的墙上。但很多公寓房进门后直接与客厅（或餐厅）相连，门的对面没有墙，这时可以安装在门内的侧面。

2. 鞋柜

现在住在城市的人们的家居中铺设了瓷砖、木地板等，因此进门换鞋已经成为习惯，于是鞋柜也成了常见的家具（当然不是菲律宾以前的那个总统夫人马科斯放数千双奢华鞋的柜子）。进门后的鞋柜需要安置在门内的侧面（如果镜子也在侧面，最好鞋柜与镜子相对），鞋柜不可面对着门口。而且，鞋柜内摆放鞋子时，鞋头必须向上，这有步步高升的意味。

3. 装饰物

玄关中适当的装饰物或者图画等会起到好的辅助作用，并且应该选择对房子主人的属相的五行属性有相生作用的装饰物（包括种类、颜色等）或图画（支考虑画中的题材和主色调等）。

有些人喜欢在住宅的玄关处摆放动物造型的工艺品，这无可厚非。但需要注意，狮子、麒麟等不适合摆放在普通民宅外，也会受到外界的干涉。如果是别墅，则可以摆放在住屋的门外，但也不宜摆放在院门外。在公寓房内只宜摆放在大门内，而且，摆放的动物不可与主人的属相相冲，更重要的是与家庭成员的属相都不相冲：

马与属鼠的相冲，羊与属牛的相冲，猴与属虎的相冲，鸡与属兔的相冲，狗与属龙的相冲，猪与属蛇的相冲，鼠与属马的相冲，牛与属羊的相冲，虎与属猴的相冲，兔与属鸡的相冲，龙与属狗的相冲，蛇与属猪的相冲。

笔者2008年在上海参与一个项目期间，有人请笔者帮忙看看他老婆开的美容院的风水环境，因为生意很不好。笔者看后发现，在美容院门口（实际上就是玄关的位置）的一个瓶子中插了一株常见的干芦苇。笔者告诉他们，美容的目的是给人以活力美貌，这株干芦苇已经干枯，毫无活力可言，应该拿掉。总不会是提醒客人在这里美容后也会像干芦苇一样吧。他们拿掉了干芦苇。后来此人的老婆告诉笔者，拿掉芦苇后，连续几个星期生意大好，开美容卡的增加了许多。

4. **植物**

在玄关摆放几盆植物也是常见的现象，既可以美化家居内部的环境，又能改善一些室内的空气质量。但是需要注意几个问题。

① 无论是玄关还是室内其他地方均不宜摆放带刺的植物，例如，仙人掌、仙人球、芦荟等等。如果房子主人一定要摆放这一类植物，也只能摆放到房子阳台上。

② 盆栽植物的数量需要将这个数作为先天数，然后根据它对应卦象的五行属性是对房子主人的属相的五行属性有相生作用的。

③ 选择盆栽植物的品种和颜色的原则是依据五行属性和先天数。诸如：

带有红色的（叶子或茎）植物不适合属猴、鸡者，但适合属蛇、马、牛、龙、羊、狗者。乔木类的植物（有粗大树干的）不适合属牛、龙、羊、狗者，但适合属虎、兔、蛇、马者。水生植物（例如水仙一类）不适合属蛇、马者，但适合属猪、鼠、虎、兔者，等等。

第五节　客　　厅

在一栋家宅内，玄关之后大都连接着客厅（也有少数连接着餐厅的）。它的功能主要是连接玄关和住宅其他区域，并保证家宅的私密性。也是家人和来客聚会、交流的场所。因此，客厅的位置基本上是已经固定了的。当然，在有些面积比较大的住宅内，会有两个客厅（甚至两个以上）。但是有少数住宅的设计会将客厅设计在靠里面的位置，这种设计无疑是不合理的。因为客厅设在前面，以保证家宅私密性的功能就没有了。

一、客厅定位和设计之忌

无论是别墅还是公寓房，在设计时均不可将客厅夹在两个房间之间，否则，由于客人常在客厅进出，故容易散财；或由于客人带来的不好气息，影响家人的事业和健康。

客厅的地面不可高于其他区域的地面。

二、客厅的布局和色调

1. **形状**

最佳的客厅形状是“方正无缺”。若是狭长形或不规则形，则被视为不吉，需要加以调整，例如，直接加间隔，或者用屏风、古董架等分隔等。但这样的间隔或分隔不宜将客厅彻底分成两个独立空间，这样就缩小了客厅的面积。

2. **色调**

客厅的色调既可以与住宅整体色调一致为宜，也可以单独设计客厅的色调。如果是单独设计客厅色调，则需要根据客厅的方位和朝向确定。

坐西向东的客厅以黄色、金黄色调为宜；

坐东向西的客厅以绿色、蓝色调为宜；

坐北向南的客厅以白色调为宜；

坐南向北的客厅以红色、绿色、蓝色调为宜；

坐西南向东北或坐东北向西南的客厅以红色、深褐色调为宜；

坐东南向西北的客厅以绿色、蓝色调为宜；

坐西北向东南的客厅以黄色、深褐色、金黄色调为宜。

三、天花板

古人认为人生活在天地之间，因此，天和地对人的影响非常重要。任何一栋住宅都有天花板，它高高在上，因此古代风水理论将天花板视作“天”。无论古今中外的知名建筑，对天花板的设计和建造都十分重视。例如，宫殿、庙宇、教堂等大都有富丽堂皇的高大穹顶。

天花板需要高度，如果过低，既背离了“天”的内涵，也会给人以压抑感，产生增加心理压力、心神不宁等副作用。尤其是客厅的面积大都是一套住宅中面积最大的区域，如果过低，更显得压抑。笔者特别主张客厅的天花板设计应以简约为原则，不宜繁琐流俗。现在许多住宅中客厅的天花板设计采用沿四周加隔层，这样做的目的大都是为了在隔层的槽中安装隐蔽灯管。这种设计风格是20世纪80年代从港澳传入广东，后传入内地的。

笔者不赞成采用这种风格，理由之一，这样降低了客厅天花板的总高度，背离了“天”的内涵；理由之二，增加了装修的费用；理由之三，这种隔层的槽中所装的灯管更换时不方便；理由之四，灯管槽一定会成为藏污纳垢的地方，时间长了槽中积满灰尘、又是爬虫（如蟑螂等）的藏身之处。从风水理论的角度看，这种长方形双层的天花板容易散财和招祸。

天花板图案的设计要点：

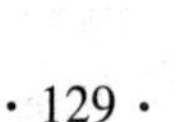

1. 天花板的图案形状以简约、平衡、对称为宜，不宜夸张、花哨、艳丽。

2. 图案的主色调要与住宅的主色调一致，还要对主人属相的五行属性有生助的作用。

3. 图案的线条以自然平滑、圆润为宜。笔者给许多朋友的建议是，客厅的天花板只要沿着四周装一圈石膏线（务必是环保材料的），拐角处做成内圆形，不可带直角。客厅中央的吊灯部位装一个底盘即可。不宜采用以下几种图案：

① 整体形状如同一个罩子的图案会压住人的运气。

② 图案的内角如果是直角形的，易有车祸、血光之灾，甚至有生命之忧。

③ 如果图案呈放射形（如星形、梅花形等），家人之间会离心离德、散财。

④ 图案中不宜带有尖角，否则会影响运气和健康。

四、沙发、长椅、茶几、电视柜

客厅是家人和来客聚集的场所，所以沙发或者长椅，以及茶几、电视柜等家具必不可少。

选择这些家具时应保持整个住宅内家具的整体风格一致（包括款式、色调等），否则会形成不伦不类、中西合璧的杂乱布局。

现在的沙发和长椅有很多种：木质（包括红木和其他硬木）、藤制、布艺、仿皮、真皮、金属制品等。

① **色调**

首先应根据房主的命理属相来选择上述家具颜色，并保持整个住宅内色调的一致性。

黑色——适合属猪、鼠、虎、兔之人；

白色、金黄色——适合属猴、鸡、猪、鼠之人；

红色——适合属蛇、马、牛、龙、羊、狗之人；

绿色、蓝色——适合属虎、兔、蛇、马之人；

黄色、深褐色（咖啡色）——适合属牛、龙、羊、狗、猴、鸡之人。

② 材质

也应该根据房主的命理属相来选择适宜的材质。

木质、藤制类——适合属虎、兔、蛇、马之人；

布艺、仿皮、真皮类——适合属牛、龙、羊、狗、猴、鸡之人；

金属类——适合属猴、鸡、猪、鼠之人。

当然上述的色调和材质的选择只是一些参考的规则，不必拘泥和刻板。而且色调和材质还可以互补。例如，按照上述的材质选择规则，属猪、鼠之人只有金属类的可以选择，这时可以用其他的材质，配以适合的颜色即可弥补。

③ 摆放

首先，沙发、长椅、茶几、电视柜的大小要与客厅的空间匹配，不宜过大或过小。造型以线条圆润为宜。

主人常坐的沙发或长椅不宜面对入户门，应靠近主人的财位（关于财位将在下面介绍），而且后面需要有依靠，不可贴近阳台门或窗户。如果由于空间的限制，只能贴近阳台门或窗户时，需要在后背处安置一个玉石类的山水造型的摆件。

茶几是客厅中必有的家具之一，一般摆放在沙发前面或两旁，与沙发的摆设互相呼应。茶几不仅可以用来摆放茶具，还可以美化环境，调整风水布局，改变人的运势。

茶几的形状宜采用圆形、方形、长方形，不可带有尖角。

摆放在沙发前的茶几不宜过大，否则易造成喧宾夺主的格局。

客厅、沙发等位置决定了茶几的位置：

如果茶几位于正西、西北、东北或西南方位，或位于客厅中央，则宜采用石制的茶几。而且，摆放在西北角的茶几有利于增强家中男主人的事业运。

如果茶几位于正北方位，则宜采用玻璃制的茶几。

如果茶几位于正东、正南或东南方位，则宜采用木制茶几。

现在人们都知道电视有电磁波辐射，因此，电视柜的摆放不可离人太近，否则对人体健康不利。这是古代风水规则中没有的。

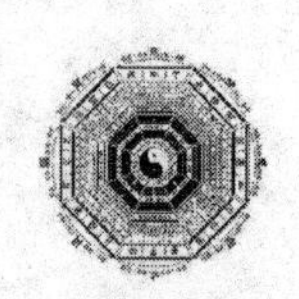

五、观赏植物

客厅内安放一些观赏植物可以调节改善室内空气质量，增强视觉效果。古代风水理论认为，有些观赏植物还能转运。

① 不宜在客厅内安放仙人掌、仙人球、芦荟等带刺的植物，否则家宅内会多口角、不和谐。

② 带有直立主干的大型盆栽植物不适合属牛、龙、羊、狗之人。

③ 带有红色叶、茎的盆栽植物不适合属猴、鸡之人。

④ 带有黄色叶、茎的盆栽植物不适合属鼠、猪之人。

第六节　阳　　台

无论是外凸的阳台还是内凹的阳台，都是住宅与外部环境直接接触的部位。因此，阳台对外部环境很敏感，对内部环境影响很大。例如，前面所说的几种“形煞”，除了会对住宅的大门产生影响，对住宅的阳台同样会产生影响。尤其是现在有些住宅的阳台形成的气口很大，甚至有些阳台是落地阳台，这种阳台对外部环境的影响更为敏感。

阳台也是吸纳阳气最主要的部位，因此，如果阳台的设计和布局合理，对住宅的风水会产生很好的生旺作用。如果外部环境对住宅有形煞，而且对着阳台，则可以在阳台上布置化解形煞的格局。

位于住宅不同方向的阳台，在风水上的作用也有所不同。

位于正东方、东南方和南方的阳台利于吸纳阳气，对家人的运气和身体健康会有助益。①。在八门理论中属于惊门、杜门和景门，属于不利之门，但由于能吸纳阳气，故可以弥补这三个门的不利之弊。

位于东北方的阳台，在的理论中属于生门，在八卦的后天方位中属于艮卦，这样的阳台对家中会有所助益。

位于西南方的阳台，在八门的理论中属于死门，在八卦的后天方位中属于坤卦，这样的阳台对家中会有不好的影响。

位于西北方的阳台，在八门的理论中属于开门，在八卦的后天方位中属于乾卦，这样的阳台对家中会有所助益。

位于正西方的阳台，在八门的理论中属于伤门，在八卦的后天方位中属于兑卦，这样的阳台对家中会有不好的影响。

位于正北方的阳台，在八门理论中属于休门，这样的阳台适宜修养生息，不利于家人事业的开拓，又由于在北半球寒气来自北方，所以对

---

①　笔者注：这个规则只对北半球而言能成立，如果位于南半球，则应该是正东方、东北方和正北方。

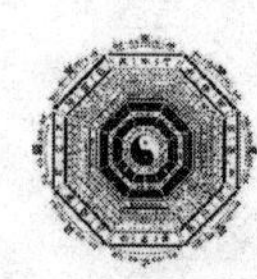

健康会有影响。

所谓“八门”八门是指：开门、休门、生门、伤门、杜门、景门、死门、惊门，乃是奇门遁甲中的概念。其中，开门、休门、生门是吉门，杜门、景门是中平之门，伤门、死门、惊门是凶门。见下图。

顺便讲一个真实的故事，2013 年，笔者曾经利用八门理论解决了著名雕塑家遥远先生在以色列捐建不锈钢和平女神雕像过程中的一个难题。遥远先生打算给以色列和巴勒斯坦都捐建一座不锈钢和平女神雕像，先在以色列的海法市建，后在巴勒斯坦建。有朋友担心国外的记者会提出为什么先建在以色列，巴勒斯坦建在后？答得不好容易引起外交问题。为此，我们在北京策划时，未雨绸缪，笔者给出了一个解释：海法市在北，巴勒斯坦在南。根据我们中华传统文化的理论，北方是休门，先建在北方的原因是呼吁双方休战、休养生息。南方是景门，休战后才会有良好的和平发展的前景。遥远先生在以色列安装雕像时，提前进行了宣传，其中包括了笔者的解释。因此，没有记者来发难。

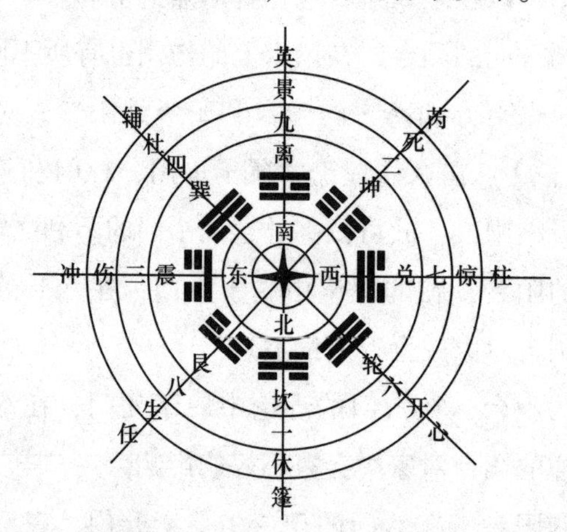

阳台上的布置应注意以下几点：

1. 阳台不是堆放杂物的地方，务必整洁。现在许多人家把杂物甚至垃圾筐放在阳台上是欠妥的。

2. 阳台上放置的桌椅、茶几应以方形为宜。

3. 不要为了扩大面积将阳台封起来，变成内部空间。

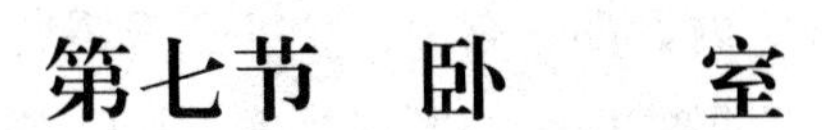

第七节　卧　室

一个人的一生中有三分之一以上的时间是在卧室里度过的，因此，卧室的宜居环境对人的一生影响很大，比客厅的风水作用更为重要。在一栋别墅或一套公寓房中，会有多个卧室，其中最主要的是主卧室。因此，首先要确定主卧室的定位，但其他卧室也不能忽视。

更有甚者，在阳宅风水理论中有一种观点认为，主卧室就是该家庭的财库。因此，持这种观点的人士对卧室内部的布局主要考虑的是对财运的影响。例如，他们认为：主卧室象征着女主人在家中的地位和财富状况；床过高不利聚财；床的两边应放置床头柜，否则，表示卧室主人一生无福无财；等等。笔者认为这些规则有一定道理，但不能绝对化，也不能局限于财运一个方面。

一、卧室的格局和位置

1. 位于住宅东北角的主卧室的位置属于最佳位置，在八门的概念中，这里是“生门”，乃养命之源。最适合作为家中主人的夫妻房。

2. 卧室的形状以正方形或近似正方形为最佳，其他形状，如三角形、多边形或有缺角的均属不吉，需要在卧室内部布局设计时加以调整。

3. 卧室的下方不能有通道、走廊。在广东一带有些临街建筑，靠街道一侧的底楼会给留出人行道，便于行人遮阳、避雨，这种风格的建筑叫做“骑楼”。由于人行道上人来人往，流动性很大，不利于聚财，因此其上方的房间不适合作为卧室。

4. 无论哪一个卧室的门不可与厕所或厨房的门相对，如果由于原来的设计限制，无法避开时，可以设法在卧室门口放置一些物件来化解，诸如，安装方向冲外的射灯或者在卧室门外安放一对小的貔貅（如果门

外没有位置，则可放在门内）。

5. 厕所乃污秽之气的来源地，因此，卧室中不宜设有卫浴，现在许多豪华住宅中的主卧室内大都带有卫浴，甚至卫浴的门刚好对着床，此乃不吉的格局。如果购买的房已经既成事实，则需要补救。尤其是不可让卫浴的地面高于卧室的地面。

6. 前面说过，住宅大门不宜正对着室外的上下楼梯，而卧室的门不宜正对着室内的上下楼梯。如果正对着向上楼梯，则卧室主人多病痛或有开刀等血光之灾。如果正对着向下楼梯，则卧室主人易破财。对此，可以用屏风加以阻挡。

7. 有些人喜欢在家中安放神位，但卧室的门不能对着神位，否则会导致家宅不安。

8. 两间卧室的门不宜正对，否则容易产生口角、不和谐。遇到这种情况，则其中一间的门需要调整位置，或者加装屏风阻隔。

9. 古人认为，“室大人少则凶”。卧室的面积不宜过大，面积不实用。笔者在几年前为一位旅居国外的著名钢琴大师在国内选购住房时，他告诉笔者，他回国开设钢琴大师班时，接待方好心给他安排的酒店住房面积很大，当时他已年近七十，他说晚上起夜去房内厕所的距离比较远，很不方便。

10. 不可将厕所或厨房改造成卧室，否则对卧室主人的健康和运气很不利。

11. 卧室的门不可对着冰箱，否则容易生病。

12. 住宅中的东南角属于文昌位，最适合作为家中孩子的卧室，这样有利于孩子的学业、健康和社交能力。

13. 家中儿童的卧室也是儿童独立的空间和学习场所。儿童卧室的布局和装修对孩子的影响将是潜移默化的，所以应该注意以下问题：

① 儿童卧室墙壁不可张贴太花哨的壁纸，或粉刷过于花哨的色彩，否则容易导致孩子心情烦躁。

② 儿童卧室中不宜张贴或悬挂奇形怪状或打斗的图画，否则容易使孩子的性格和行为怪异、好斗。

③ 儿童卧室中不宜使用地毯，尤其是长毛地毯，否则会影响孩子的身体健康。

④ 儿童卧室中的书桌不可面向或背靠厕所。

⑤ 书桌上方不可有日光灯管正对。

⑥ 书桌前方不宜有高大的家具（如书柜）压迫。

⑦ 儿童卧室中的的主色调不宜采用红色作为主色调，否则会导致孩子的性格暴躁、性急。应该根据孩子的属相的五行属性与颜色的属性相生为最佳，相同的颜色亦可。不可采用克制孩子属相的五行属性的颜色。例如，若孩子属虎、兔、蛇、马，则宜采用浅绿色和浅蓝色为宜，不宜采用白色。又如，若孩子属牛、龙、羊、狗，则不宜采用浅绿色和浅蓝色，等等。

二、卧室内的布局

1. 床的选择和安放

卧室中最主要的物件是床，前面说一个人的一生有三分之一以上的时间是在卧室里度过的，说到底是在床上度过的。因此，床是非常重要的家具。在古代专门有安床的吉日和忌日的选择规则。

① 床的上方要避开横梁。如果由于空间的限制而避不开，则需要将横梁遮蔽起来（加装天花板或其他装饰物件等）。否则会影响健康和运气。

② 如果卧室中有镜子，床不可正对着镜子。否则容易坐卧不安。

③ 床不宜紧靠窗户，否则容易犯桃花。

④ 床头的方位应根据该卧室的主人的属相确定。

⑤ 床下不宜堆积杂物。

属鼠、猪之人床头宜位于西、西北、北的方位，不宜东北和西南的方位。

属虎、兔之人床头宜位于东、东南、北的方位，不宜西、西北的方位。

属蛇、马之人床头宜位于东、东南、南的方位，不宜北的方位。

属猴、鸡之人床头宜位于西、西北、西南、东北的方位，不宜南的方位。

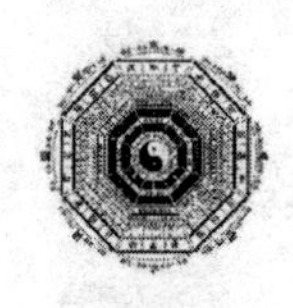

属牛、龙、羊、狗之人床头宜位于南、西南、东北的方位，不宜东、东南的方位。

⑥ 如果床头与房门位于同一堵墙，着属于“反睡”格局，会影响睡眠质量，易做噩梦、受惊吓，导致失眠、神经衰弱。

⑦ 床下不宜堆积杂物，否则易生秽气。如果卧室主人是孕妇，则会对胎儿有损。

⑧ 如果床下完全不透气，则容易导致腰酸。

三、卧室的色调、灯光

1. 色调

卧室内的色调宜简洁，不宜繁杂花哨。老年人的卧室宜采用暖色调，年轻人的卧室宜采用冷色调。

2. 灯光

古人对于阳宅有“明厅暗房”的原则，这是很有道理的。卧室主要是休息场所，对灯光的要求是柔和却不昏暗，不宜光线刺眼，影响休息。但是，卧室需要能采自然光的窗户，只是窗户不宜过多。如果外面的光线太强，可以用窗帘调节。没有窗户的暗房不宜作为卧室。

床的正上方不宜有大灯，否则会导致肠胃和睡眠不好。如果已经有了大灯，则可以加上灯罩遮蔽。

现在有许多人喜欢在床头的墙上或上方安装射灯，这是国外酒店传入中国的风格。其实大可不必，如果为了阅读，可以用光线柔和的床头灯。而且射灯的数量务必要考虑此人的属相。

其规则依然是：数——先天数——对应的卦——五行属性——与属相的生克关系。读者应该可以自行推断了，故不再赘述。

四、卧室中的其他家具和装饰物

1. 卧室中不宜放置很多家用电器，古代由于没有电，所以古传的风水中没有这样的规则。但是家用电器在给人以便利和享受的同时，也带来了许多副作用，例如电磁波辐射等。

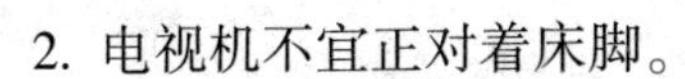

2. 电视机不宜正对着床脚。

3. 卧室中不宜放置刀剑一类凶器，或猛兽的图画和雕塑，否则容易发生凶险之事。

4. 卧室中不宜放置盆栽、鱼缸、风铃等物件，否则容易使人神经衰弱。更不能有带刺的植物（盆栽），否则家中容易有口角发生。

5. 卧室中不宜放置多个沙发，否则容易有口角发生。

6. 床头宜放置床头柜，利于聚财。

7. 卧室中不宜悬挂长辈的照片。

8. 卧室地板不宜铺长毛地毯，因容易潮湿生霉气，会伤气管。如果有小孩更不利。

9. 卧室内不可摆放水族箱，否则易生病、脑神经衰弱。

10. 如果卧室内有镜子，则不可正对着卧室门口，否则主口舌是非多。

11. 卧室内不宜堆放杂物，否则卧室的主人会有压力大、心情紧张、脾气暴躁等现象。

12. 如果在卧室内放置石质工艺制品，易使卧室主人个性固执或长瘤。

13. 如果在卧室内悬挂猛兽图像，或放置猛兽类雕塑品，则卧室主人易有血光之灾。

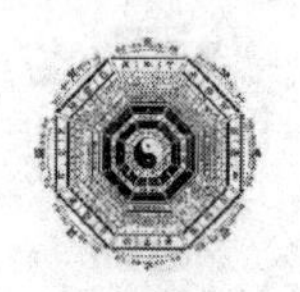

第八节　餐厅、厨房

在西方的家庭中，由于烹饪方式与中国不同，比较少用油炸、煎炒等加工方式，很少有油烟，所以西方的家庭中将餐厅和厨房合住一起。而中国家庭的烹饪方式油烟比较多，将餐厅和厨房连在一起会使得就餐时的空气环境变坏，从而影响健康，因此，普遍的做法是将餐厅和厨房分开。

一、餐厅

餐厅既是一家人吃饭的地方，而且一家人在吃饭时会有相互之间的交谈，因此它又是仅次于客厅的家人之间交流的场所。由于餐厅具有这两个功能，所以，餐厅的布置需要注意以下几点：

1. 餐厅的位置尽量安排在住宅中靠南、东南或东的方位，以利于增加阳气。

2. 餐厅不可正对大门，如果无法避免，则需要加一个屏风来阻隔。

3. 餐厅的色调和灯光应该柔和温馨，否则会影响食欲和家人交流的氛围。

4. 在餐厅中最主要的家具是餐桌。餐桌的大小应该与餐厅的大小和家中的人数匹配，过大不必要，过小会限制进餐的人数，因而影响家庭氛围。餐桌的形状以圆形、方形或长方形为宜。尽量避免餐桌带有尖锐的角。中国古代家具中的八仙桌就有很好的寓意。

5. 餐桌的上方不宜有横梁压住，如果无法避免，则可以在餐厅加装天花板或者在横梁下方悬挂一个葫芦来化解。

6. 餐厅中不宜安放神位，或悬挂带有刺激性的图画。

在八宅风水理论中有一套四吉方（生气、延年、天医、伏位）和四

凶方（绝命、五鬼、祸患、六煞）的说法。它是根据每个人是东四命还是西四命确定方位的，与具体的人有关。因此该派主张在餐桌上的座位应该根据个人的吉位就坐。对此，笔者不予认同，因为按照八宅理论找出来的每个人的吉位和凶位，相互之间会发生交叉甚至冲突，于是就难以选择。这种理论在住宅的房间分配等问题上，也需要选择吉位和凶位。笔者基于上述理由，本书中没有向读者详细介绍。

二、厨房

厨房在任何一个完整的家宅中必不可少，它既是烹饪之地，又是杀生见血光之地，因为在厨房中会宰杀一些活的动物，例如，鱼虾蟹、鸡鸭等。因此厨房的风水环境布置非常重要。

1. 凡是购买现成的住宅，尤其是精装修的房子，厨房的位置已经固定，难以变更。硬要改变不是不可能，但比较麻烦，此时只能进行局部补救。如果是毛坯房，则可以适当地选择厨房的位置。厨房内必有炉灶，因此，它的基本属性为火（虽然厨房内也一定有水，但与火相比，居于次要地位），由此可以确定厨房合适的方位：

古代风水理论认为，正东、东南为厨房的吉位。

正南的属性为火，若厨房在南方，则会火上加火，物极必反，反而为凶，家宅容易发生火灾。

西北方在罗盘上是戌、亥两个地支所在的位置，又是乾卦所在的位置。这时要具体分析：如果炉灶位于戌、亥之位，则无大碍。但若位于乾卦的位置，则主凶。亦为乾卦乃帝位，如果炉灶在此，则是将帝位放在炉子上烤，很不利的格局。（《三国演义》中有一个故事：孙权写信劝曹操登基做皇帝，曹操一笑了之，曰：“是儿欲吾居炉火上耶!”曹操很明白将皇帝放在炉子上烤极为不利。）从五行属性分析，乾位属金，肺亦属金，如果在乾位上有炉灶，火克金，则家里有人的肺部会出现问题。

若厨房位于属性为土的西南、东北方位，火生土，乃损耗之患，均不吉。

若厨房位于属性为水的正北方位，水克火，不吉。

若厨房位于属性为金的正西方位，火克金，尚吉。

2. 古人云："开门见灶，钱财多耗"（《阳宅三要》），这种位置的厨房难以聚财，并会影响家中女眷的身体健康，此时需要改变厨房门的位置或朝向。

3. 厨房与卧室的门不可正对，否则会影响卧室主人的健康。

4. 厨房和厕所的门既不可正对，也不可共用一扇门。否则厨房杀生带来的杀气与厕所的污秽之气混在一起，将增加凶险。

5. 厨房内的地面不可高于其他区域的地面，否则利于杀气外溢。

第九节 卫 浴

前面说过，古代的住宅中厕所和洗漱间是分开的，现代的住宅基本上是将二者合在一起，称为卫浴（或洗手间）。卫浴，尤其是厕所的位置和布局在家宅装修中非常重要，如果不妥，会影响家运和家人的健康。

1. 厕所乃排泄场所，会产生污秽之气，会影响住宅中其他的场所。因此不宜将它安排在住宅的中心位置，尽量缩小影响范围，宜安排在住宅靠边的区域。这一点刚好与现代的住宅设计理念吻合，现代住宅的设计主要考虑的是卫浴的进水管道和排污管道的安装维修的方便，大都设置在住宅靠边的区域。①

2. 现在有些小户型的住宅，会将厨房和卫浴放在相近甚至相邻的位置，这是不适宜的。因为厨房有杀生行为，会产生杀气；而厕所是排泄之地，会产生污秽之气，二者靠近在一起会产生更大的不利作用。因此，卫浴与厨房应该隔开，甚至远离。

3. 卫浴间不宜位于住宅中的南方。因为卫浴间的五行属性为水，南方为离卦，五行属性为火。这就形成了水克火的不吉格局。

4. 现在有许多高档住宅的主卧室中会带有卫浴，使用起来确实方便许多。但笔者始终不赞成这种布局，因为厕所产生的污秽之气离人越近，影响就越大。如果已经既成事实（买来的住宅中已经做好了卧室内的卫浴），则可以根据具体情况补救：将卫浴的门改在卧室之外；如果不可能改门，则平时关上卫浴的门，尤其是平时盖上马桶的盖子。

5. 卫浴的门的朝向不可与住宅的朝向相同或正对着，否则进门的运气会被冲走。

6. 马桶的坐向不宜与卫浴的门朝向相同，也不宜与住宅大门的朝向

---

① 笔者注：八宅理论认为，住宅的中央为五黄位，乃是五鬼之地。如果厕所在此处，它产生的污秽之气会催动五鬼，破坏家运，甚至使人遭殃。

相同。如果排污管的位置允许，应该将马桶旋转 90°安装；如果排污管的位置不允许马桶旋转，那只能平时将卫浴间的门关上、马桶盖上，使用时才打开。尤其是在有些住宅中卫浴间的位置不佳，且难以改变时，如果原来的设计是采用便盆的，则需将便盆改为马桶，便于使用后随手盖上。

7. 卫浴是大量用水之地，它的五行属性为阴水。因此卫浴不宜设置在住宅的靠南部位。否则乃是水克火，对家宅不利。

8. 卫浴的门不宜正对着家中的走廊，因为这样会让厕所产生的污秽之气直冲室内，对家人很不利。如果房子的设计布局上无法改变，则需要在此门口放置一块屏风，或在卫浴门外的上方安装朝向卫浴的射灯。

9. 如果家中设置了神位或祖先的牌位，则卫浴的门与之正对。否则容易犯小人。

10. 卫浴的地面不可高于其他区域的地面，否则容易让卫浴产生的污秽之气流向住宅内部其他区域。

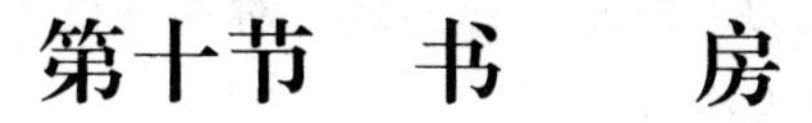

第十节　书　　房

家中的书房是阅读学习、获取智慧的场所，因此书房需要注意以下几点：

1. 首先要保证采光和空气质量（通风）。其次是整洁，达到窗明几净的效果。

2. 书房的色调宜柔和、稳重。营造一个有利于阅读和思考的环境，不宜采用张扬、刺激的色调。色调包括地板、墙面、窗帘等。

3. 书桌是书房中的主要家具。它的安放首先要考虑人坐的位置和角度是否合适：背后有无依靠、采光是否充足、与书柜之间的通道是否便利等。其次务必注意书桌的上方不能有横梁压住，否则会影响人的运气，并影响阅读和思考的效果。书桌的颜色应与书房的整体色调一致。

4. 书柜是书房中另一件主要家具，它与书桌一起构成了书房中的风水格局。书柜通常都是靠墙安放的，但要注意与书桌之间不宜过远，否则使用时不方便。书柜也不可过高，尤其不可压制住书桌，否则会产生压抑感，并会影响运气，导致事业多波折。而且过高的书柜还会影响主人的身体健康。书柜的颜色也应与书房的整体色调一致。

5. 现在的书房中电脑是必不可少的，但电脑有影响健康的电磁辐射，因此，在不影响使用便利的前提下，应尽量保持与人的距离。而且电脑的五行属性为火，现在人们使用电脑已经很普遍，导致现在的人们火性加重，所以电脑不宜放在靠南或被阳光直射的位置，以免“火上加火”。根据“左青龙、右白虎”的说法，电脑以放在人的左侧为宜。

6. 按照八宅风水理论，书房宜定位于文昌位。但笔者认为，文昌位出自“宅卦”理论，又与具体的人和流年有关，因此每年的文昌位会改变，而书房不可能每年追着文昌位搬迁。而且，前面曾经提到，确定一个人是东四命还是西四命的算法至今未见真正的古法，却用了公元纪年的数字，有点牵强附会，难以让人相信，所以本书不作讨论。

7. 日光灯管如同刀，如果书桌的上方有日光灯管，则须避免日光灯管位于座位的正上方。因为这样犹如在人的头顶上方悬挂了刀，有几根灯管，意味着有几把刀。即使灯管不是正对着书桌，灯管的亮度也不宜太强。否则，容易使人疲劳。

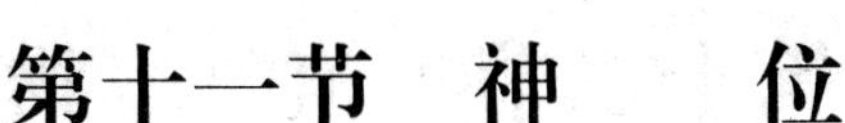
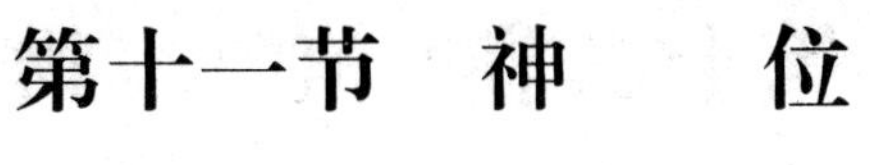

第十一节　神　　位

“神位”这个名词很容易让人联想到神和鬼，因此成为被批判的靶子。笔者认为古代的风水理论中的糟粕大多反映在这部分内容中，本书不讨论那些糟粕。

但是笔者要说明的是，对于祖先的怀念无可厚非，这不涉及迷信范畴。我国各地有很多烈士陵园就是供后人缅怀先烈的场所，也是激励后人继承遗志、奋发向上的爱国主义教育场所，绝对不是什么迷信之举。

第十二节　植　　物

住宅的植物要分为室外和室内两类。那些别墅或联体别墅，室外会建造一个花园。因此，除了室内植物，还有室外植物的选择和布局问题。一般的公寓房只需考虑室内（包括阳台）植物的选择和布局问题。

一、室外植物和布局

唐宋八大家之一的苏东坡有一首著名的诗：“宁可食无肉，不可居无竹。无肉令人瘦，无竹令人俗。人瘦尚可肥，士俗不可医。”可见古人对居住环境的植物非常重视。当然这首诗只是部分反映出学者的观点，并没有从风水理论的角度看待居住环境中的植物作用。

古代的风水理论中对于居住环境的植物有很多论述。诸如：“村乡之有树木，犹人之有衣服，稀薄则怯寒。过厚则苦热。此中道理，阴阳要中和”；“东种桃柳、西种榆树、南种梅枣、北种奈杏”；“中门有槐，福贵三世；宅后有榆，百鬼不近”；“住宅四畔竹木表翠进财”，等等。

1. **大树不宜**

① 即使是那些带有花园的豪宅，花园的面积不可能很大，如果种植大树会与花园大小不协调，而且大树过高会产生压迫感，如果树冠也很大，则会影响家人的运气。现代的观点认为，树冠太大、树荫太浓会影响自然采光。

② 古人曾说：“宅后有榆，百鬼不近”。现在业主在购买的商品房（包括别墅或公寓房）时，对所在地的历史情况基本上是不清楚的，尤其不知道该地过去是否有坟墓。假如历史上曾经有坟墓，在无法退房的情况下，买了别墅的业主可以在花园内种植榆树，起到辟邪的作用。但是为了避免种植的榆树长得高大后对住宅有压迫感，因此应该种在花园靠

边的位置。榆树主要分布在东北、华北、西北和华东地区，岭南地区没有，即使种了也难以存活。对此，可以在住宅内添置几件榆木做的家具或装饰物。笔者曾经遇到几个实例：

第二章中提到，1997年笔者曾经为一个朋友在上海嘉定区建的塔陵勘察，当时告诉他，塔陵中骨灰盒太多，阴气很重，对在园区工作的员工不好。建议他在塔陵管理处四周种一些榆树。种植榆树的数量则要根据方位，按照八卦的先天数确定。

2006年，笔者受邀给珠海的一家企业勘察该公司的园区，之前曾经为公司的老总看过他的办公室（下一章中将会介绍这个案例）。因此对建筑物内部的状况比较清楚，但对建筑物外部的状况当时没有注意。在园区内走动时突然有一种不好的感觉，就问该公司的人，园区所在地历史上也没有坟墓。他们告诉我就在办公楼外面的一侧曾经有两座墓。由于珠海地处岭南，无法种植榆树。因此建议他们买了几件榆木做的茶几放在办公室内。（笔者要声明的是，笔者绝没有什么特异功能，更不是江湖上的奇人，当时只是心血来潮而已。）

2. 避免有毒或不适宜的树种

种植时要避免选择那些有毒的树种。例如夹竹桃，虽然目前还有些城市中将夹竹桃作为路边的绿化树种，其实夹竹桃的分泌物毒性比较大，尤其是对儿童更容易造成伤害。当然还有其他一些带毒性的树种，在选择时务必慎重。

有些树种也不适合栽种在私家花园内，例如带有飞芒、飞絮的树种和植物。

3. 水池、假山的布局宜忌

如果花园的面积比较大，打算在园中设置假山、水池等设施。需要注意以下几点：

① 假山不宜过高过大，否则会适得其反，形成压迫感。而且假山宜设置在西、西北、西南、东北等方位，不宜位于南边。

② 水池也不可过大过深，否则会造成不安全因素。而且，水池不可设置在住宅后面。

上面的规则比较笼统，具体的实施需要因地制宜、具体分析后方能确定。

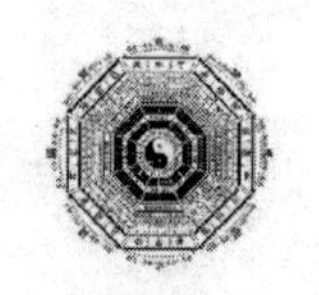

二、室内植物

住宅内放一些植物盆景已经很普遍，按照现代的观点，它可以改善室内空气质量、调节家中的氛围。尤其在北方，因为冬天寒冷，窗户密闭，容易缺氧，更需要利用植物来改善空气质量。但是，植物在光合作用下才会产生氧气，有些植物甚至会与人争夺氧气。这就需要正确选择合适的植物。按照风水理论，住宅中不同区域的功能不同，对植物的选择标准也各不相同。

1. 在夜间释放氧气的植物有 4 种：吊兰类、景天类、芦荟类、仙人类。因此适合放置在卧室之中。但是，按照风水理论，仙人类植物大都带刺，容易引发口角，破坏家中的和谐气氛，因此不宜放在室内。

2. 卧室中不宜放香味很浓的植物，例如水仙、丁香等，否则会影响睡眠，反而不利于健康。

3. 带刺的植物虽然不宜放在室内，但具有化煞的功能，因此可以放在阳台、大门或玄关等区域。此外，玫瑰、盆栽葫芦等也具有化煞作用。

4. 客厅是家人聚会和接待客人的场所，需要有利于聚财、旺运的植物。例如，富贵竹、罗汉松、七叶莲、发财树、君子兰、兰花、柑橘、龙血树等。

5. 餐厅是人们饮食的场所，宜放置一些增加食欲的植物，例如，黄色植物。

6. 书房是阅读思考的场所，宜采用增进文化氛围、宁神和有利思考的植物。例如，文竹、富贵竹、常青藤、菖蒲等。

7. 至于植物的颜色和数量，已经在“玄关”节作了详细介绍，这里不再赘述。

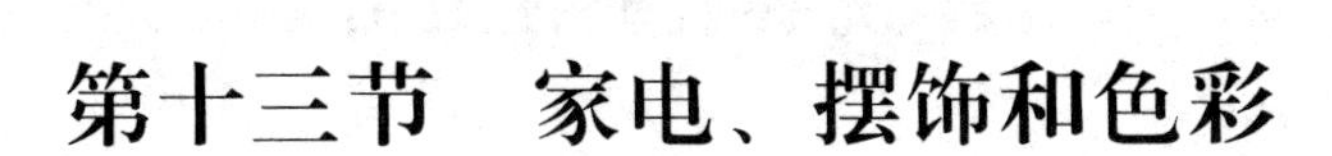

第十三节　家电、摆饰和色彩

古代社会没有电力，而现代社会有了电力之后出现了许多家用电器、电脑等新事物，它们对住宅的宜居环境会产生影响。其他的装饰物也会产生影响。

一　电冰箱

电冰箱的五行属性为金，对家居风水环境的影响很大。一般的家庭会将电冰箱放在厨房，由于火克金，因此可以削弱厨房的火性和电冰箱的金的属性。有些家庭的电冰箱会放在餐厅或客厅（尤其是有多台电冰箱的家庭），此时需要顾及电冰箱的五行属性与家人属相的五行属性之间的相生相克关系。电冰箱应该靠近家人中属鼠、猪、猴、鸡所在卧室的位置，远离家人中属虎、兔所在卧室的位置。

如果在客厅中放置电冰箱，则有利于五行缺金之人，利于其人开运、行运。但对五行忌金之人则十分不利，可能会招致厄运。

电冰箱的颜色大都是白色或其他浅色，这符合电冰箱的属性。电冰箱通常也被称为白色家电。但若家庭主人属虎或兔，由于电冰箱的属性对家庭主人的属性不利，因此，宜采用红色电冰箱，以削弱对家庭主人的不利影响。

二　洗衣机

虽然洗衣机大量用水，但由于它具有干衣的功能，因此，洗衣机的五行属性为火。洗衣机的摆放位置一般有三处：卫浴、厨房、阳台。

1. 洗衣机放在卫浴

洗衣机的作用是清除衣物的污秽，属性为火；卫浴的作用是清除人体的污秽，属性为水。而且是阴水，因此不与属性为火的洗衣机形成水火相克的格局。二者在作用上有共同之处。而且，卫浴的水性极强，可以削弱洗衣机的火性。再者，卫浴的排水功能是在住宅中最强的区域，有利于排污。二者结合在一起恰好构成了六十四卦中的地六十三卦：水火既济䷾。因此，洗衣机放在卫浴是最合适的选择。

2. 洗衣机放在阳台

如果住宅中卫浴的面积较小，则洗衣机的放置可以退而求其次，放在阳台上。但由于洗衣机属性为火，因此放在阳台上的洗衣机要避免放置在太阳直射的方位，如果阳台位于南方则更不宜放置洗衣机。否则乃是“火上加火”的状况。从洗衣机的合理使用角度而言，避免阳光直射洗衣机，对它的使用寿命也有好处。

3. 洗衣机放在厨房

洗衣机放在厨房乃是三个位置中最差的一处。除非卫浴和阳台都受条件限制无法放，那只能选择放在厨房。因为厨房的属性为火，洗衣机的属性也是火，二者相逢，会造成“火上加火”的状况。

三　电视机、电脑

电视机和电脑的五行属性都是火，电视机和电脑关闭之后，它的屏幕如同一面镜子，会起到类似镜子的作用。

电视机越大，火性越重。因此，放在客厅中的电视机不宜过大。尤其是如果电视机放在客厅的南边，则容易火上加火。

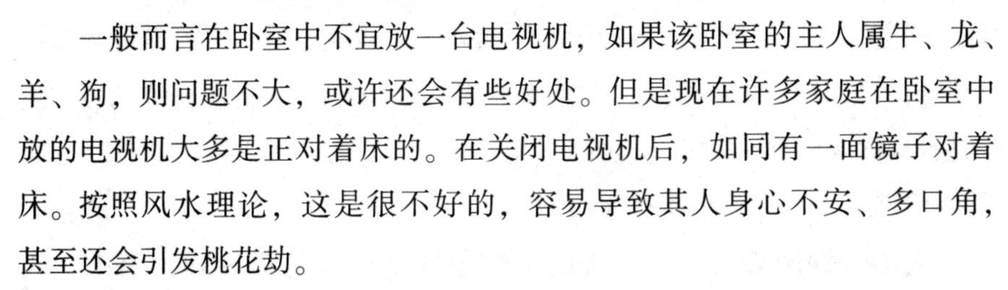

一般而言在卧室中不宜放一台电视机，如果该卧室的主人属牛、龙、羊、狗，则问题不大，或许还会有些好处。但是现在许多家庭在卧室中放的电视机大多是正对着床的。在关闭电视机后，如同有一面镜子对着床。按照风水理论，这是很不好的，容易导致其人身心不安、多口角，甚至还会引发桃花劫。

大部分家庭的电脑都是放在书房中，其风水作用和注意点已经在“书房”节中介绍。这里要说的是，有些家庭在卧室中也放一台电脑的做法是不适宜的，会影响睡眠质量，如果卧室比较大，问题不大。但如果又放一台电视机，那就会火上加火。

四　摆饰件

极大部分的家庭都会在住宅的多个地方放置一些摆饰物件。这样的物件会或好或坏地影响家庭和家庭成员的运气，包括事业、财运、桃花运等。将在下文中具体介绍。摆饰的物件非常多，不同的人有不同的喜好，对宜居环境的作用也各不相同。本书不可能罗列所有的种类，仅介绍几种常见的摆饰件以及需要注意的一些常识。

1. 陶瓷制品

相信现在每个家庭中除了瓷制餐具外，或多或少会有一些陶瓷制品。例如：花瓶、瓷像等。

花瓶的寓意是“平平安安”。笔者建议在搬迁入住新居之前先在新居的玄关位置安放一个盛了水的花瓶。花瓶的款式有很多种，诸如：梅瓶、天球瓶、双耳瓶等。款式的选择可以根据自己的喜好决定。

瓷像有很多种：佛、观音、财神、老子、钟馗等。

佛和观音等佛教人物的寓意是包容、祥和，是希望家宅安泰、家人和谐、老少平安。请到家中的佛和观音在安放时需要注意：高处、远离厕所和厨房、不可时常搬动。至于是否在佛或观音前放置香炉供天天烧香，这是一种信仰问题。佛教中有个说法："佛在心中"，佛理讲的是心的交流。如果太拘泥形式，在佛教中称为"着相"。佛教中的说法是："绝真理之众相名无相。""虽行无相而度众生，是菩萨行。"当然，如果是笃信佛之人，天天烧香也无可厚非。

老子、钟馗等属于中国传统文化中的人物，与道家理论有关，寓意也类似于佛和观音，所以也与佛像和观音的摆放地点相同。只是钟馗还有打鬼辟邪的寓意，因此适合安放在玄关，以便挡住外来的煞气。

财神的寓意不言而喻——求财。在中国传统文化中，财神有文财神和武财神之分。文财神是指财帛星君和福禄寿三星，乃天上的星宿。武财神是指关公、赵公明和善财童子，乃凡世间的人物。文财神的功能是送财，所以不宜面向大门，宜安放在室内。武财神的功能是挡煞招财①，所以安放时宜面向大门。无论是文财神还是武财神，在摆放时不可面向饭桌、房门和厕所。这是摆放财神的忌讳。

在一些家庭中还有摆放毛主席像的，笔者认为这是对一代伟人的怀念和尊敬，笔者的家中就请了一尊仿钧瓷的毛主席像。

2. 貔貅

貔貅又名辟邪，传说是龙的第九个子女。它具有避邪镇宅，化煞及旺财三大功能。它可以用来化解本章第三节中介绍的几种"形煞"。所谓的"旺财"功能是因为在传说中貔貅没有肛门，只吃不拉，所以有敛财功能。貔貅有公母之分，公貔貅又名"天禄"，象征财运；母貔貅又名"辟邪"，象征财库。因此，貔貅的摆放应该成对，否则对财运会有影响。以前对貔貅是要区分公母的，头向左歪的是公的，头向右歪的

① 笔者注：关公像的手中除了大刀，另一只手中须有元宝，才具备招财功能。

是母的。但现在已经没有人去区分貔貅的公母了。还有一种判断貔貅公母的方法，因为公貔貅的功能主要是招财，所以有些匠人在雕刻时会将它雕刻成舌头吐出的状态。而母貔貅是财库，主要功能是守财，所以有些匠人在雕刻时将它的舌头雕刻成内敛的状态。当然这些只是神话传说而已。

貔貅摆放的宜忌：

1. 貔貅不可正对着大门、镜子、床。

2. 貔貅不可直接放在地上，即使放在地上，也需要在下面加上底座。

3. 貔貅不可高于人的头部。

4. 貔貅主偏财，所以在摆放时要斜对着门口或者窗户。

5. 在貔貅面前宜放一杯清水，但杯子的高度不可超过貔貅的嘴部。

6. 貔貅不在五行中，因此不必以香火供奉。

7. 如果是为官之人，则应该选择在造型上屁股比较大的貔貅，以象征他的位置能坐得稳。

8. 如果主要目的是求财，则应该选择在造型上口张得比较大的貔貅，以象征他能财源广进。

由于貔貅的招财守财功能，因此，它的摆放与当事人的财位有关。至于一个人的财位，将在下面关于财运的章节中介绍。

3. 金蟾（三脚金蟾）

这里说的金蟾是指三脚金蟾，不同于普通的蟾蜍。民间有一个广为流传的神话故事："刘海戏金蟾"，讲的是刘海与龙王之女的爱情故事，金钱是他们之间爱情的媒介。古人认为，金蟾会吐钱，因此是旺财的瑞兽，但它不具备貔貅还有的辟邪功能。

现在见到的金蟾有口中含金钱的和不含金钱的两种。在摆放时，口中含有金钱的要对着主人或钱箱、保险柜、收银台；口中不含金钱的要朝外。

摆放金蟾要注意以下几点：

1. 金蟾上方不能有横梁。

2. 金蟾不能对着佛祖、观音等神像，摆放的位置也不能高于这些神像。

3. 金蟾不能对着厕所或摆放在厕所旁。

如果金蟾比较大，则需要在金蟾下面放一个铜质或石质的圆盘（忌白色），且圆盘的外沿要高于金蟾的脚部。

4. 金鱼缸

风水学中涉及的鱼缸中放养的只需红色和黑色两种金鱼，不必养那

些昂贵的观赏鱼（诸如，金龙鱼、银龙鱼和热带鱼等）。因为风水理论认为观赏鱼没有风水作用。金鱼的数量关键是看黑金鱼的数，以奇数为宜，而且，要死一条马上补一条。金鱼缸在风水上有三个作用：化煞、旺财、旺桃花。

鱼缸摆放的宜忌：

1. 由于金鱼缸有化煞的作用，因此，如果住宅外面有前面所说的形煞，则将金鱼缸放在对着形煞的位置，可以起到化解的作用。

2. 现代城市中的住宅外部已经很少有好的水环境（风水理论的看法），而在风水理论中，水的作用很重要，它对财运的影响颇大。为了弥补外部水环境的不足，可以在室内放置一个金鱼缸，以利于旺财。

3. 金鱼缸对桃花有很好的催旺作用，因此，在桃花位上放一个金鱼缸，对桃花很有帮助。桃花位的确定将在下面介绍。

4. 鱼缸不宜过大，放置的位置不可高于人的头部。

5. 卧室中不宜放鱼缸。

6. 客厅中的鱼缸不可放在沙发背后。

7. 鱼缸不可正对着厨房、炉灶或神位。

8. 财神或其他神位下面不可放鱼缸。

9. 鱼缸不宜放在电视机或音响旁边。

住宅的摆饰件有很多种类，上面只是其中比较常见的几种，至于其余的摆饰件，读者可以根据摆饰件的五行属性和前面介绍的知识自行判断。

5. 植物盆景

1. 家宅中不宜多放藤蔓类植物，否则家庭内部容易发生口角是非，应尽量避免。

2. 住宅内部不宜摆放带刺植物的盆景，例如仙人掌、仙人球、芦荟等，否则会使家庭不和。如果已有了这样的盆景，则应该移至门外或阳台上。

关于摆放植物的其他细节已经在第六章第四节“玄关”中详细介绍，这里不再赘述。

6. 泰山石

1. 泰山石的风水作用

在古代的神话传说中，泰山乃碧霞元君成仙之地，它聚天地之灵气，在三山五岳之中称为东岳大帝。被古代的帝王和民间奉为消灾、祈福、送子、升官的灵验之地。因此古代风水学中认为，取泰山上的一块小石头（即所谓“泰山石”）都可以用来镇宅、安宅，驱除鬼邪。因此，在泰山石上须有“泰山石敢当”的字样。笔者认为，即使排除泰山的神话色彩，按照五行属性和命理学，泰山石应该能发挥作用，而且不需要对泰山石进行供奉。它还能改善家宅内部的景观。

毫无疑问，泰山石的五行属性为土，因此，它的主要作用有：

① 镇宅辟邪。

② 在家宅和办公室中的合适位置放上一块泰山石，能改善背后无依靠的格局，对家宅安定和事业稳定有帮助。

2. 泰山石的摆放

① 如果家宅的房型不方正，有缺角。则将泰山石放在缺角处，并将带有“泰山石敢当”字样的一面朝向缺角。

② 放在客厅或书房、卧室中的泰山石可以作为镇宅之用。

③ 如果需要用泰山石来阻挡煞气，则需要将带有“泰山石敢当”字样的一面向煞气的方向。

五　家居色调

前面在介绍住宅中各个区域的住宅的宜忌时分别提到了色彩的作用和影响，下面介绍的是住宅整体色调的宜忌规则。这些规则的主要依据

是五行属性之间的相生相克关系，而不是现代美学观点。

在中国传统文化的五行学说中，五色具有各自的五行属性：

白色的属性为金，位居西方，象征纯洁、光明。诗云：“雄鸡一唱天下白”，就是指太阳升起，天下光明。有一种说法认为，自隋唐以后，将白色认为是西方白色精金的代表色。在中国的民俗中办理丧事用白色，但是，古人是将举丧当作白喜事办的。庄子在他夫人去世时，会击缶而歌。现代住宅之中极大多数将白色作为主色调，除了采光和视觉效果外，它的吉利内涵也是主要原因。

青（绿色）、蓝色的属性为木，“青出于蓝而胜于蓝”所以二者属性相同，位居东和东南方，象征宁静、上升和茂盛有活力。成语“平步青云”、“青云直上”等都包含了上升之意。但是在魏晋之后青色与黑色关联在一起（例如，一头黑发又称为一头青丝等），导致青色的吉祥含义有所贬低。当然现在的住宅中大概很少有人会把青色作为家居的主色调。但是绿色尤其是浅绿色，由于它具有上升、有活力的内涵，因此，与地位始终没变的色一样，有不少家庭会将浅绿色和浅蓝色作为住宅的主色调。

黑色的属性为水，位居北方，与白色相对，象征黑暗、阴晦、神秘莫测。但是它也象征威严、刚正不阿。显然黑色是不适合作为住宅的主色调的。

红色的属性为火，位居南方，在商周时代，红色象征着崇高、尊贵。在近代的中国，尤其是中华人民共和国成立后，由于红色代表着烈士的鲜血，因此，红色成为国家的主色调。红色也象征着喜庆、欢乐。但是在住宅之中，如果将红色作为主色调，毕竟家宅不是公共场所，会让家庭的氛围显得喧嚣、刺激，无法安静，反而不利。因此很少有家庭会将红色作为宅内的主色调。

黄色的属性为土，象征光明、高贵权威、吉祥。历代帝王大都采用黄色和明黄色作为宫殿、太庙、帝王服饰的主色调。在清代，民间不可擅自使用明黄色，否则乃大逆不道，会招来杀身之祸。连外面传入中国的佛教也根据中国的文化理念采用橘黄色为主色调（例如庙宇、僧帽、袈裟等）。正因为黄色有上述内涵，因此它不适合作为寻常百姓家的家宅内部主色调。再加上多年来人们习惯将黄色与色情联系起来，更使得黄

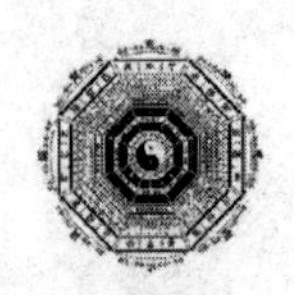

色不被采用。

上面介绍了选择一套住宅主色调的总体原则，但主色调不等于唯一的色调。在不影响住宅色调的整体效果的前提下，完全可以根据各个区域不同的用途或者各个卧室主人的不同的五行属性选择适合和各自喜欢的色调。在前面各节已经做了分别的介绍，供读者参考。

第七章

家居财环境对财运的影响

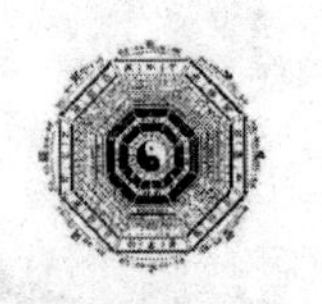

由于极大多数的人们对财运有需求，因此，无论风水领域的哪一派都会涉及财运问题。

有人将财运分为财路、财位和财库三个方面，笔者认为，这三者互相关联。如果财位不是财富的库房（财库），那么空空如也的财位就没有什么实际作用。反之，如果没有库房，那么财位上的财富也是留不住的。但是，如果财路不通畅，则财不会进来。

第一节 财　　路

财路的“路”，不是指狭义的通道概念，例如门、窗等，它泛指气、水等多种物质可以通过的路径。因此，除了门、窗是气进入宅内的通道，水龙头是水流进宅内的通道，因此它也是财路之一。

根据财路的功能，自然可以理解财路。一般而言，购买的商品房的门、窗、进水的水龙头都是建好的，因此，财路已经预先确定，人们只要各条财路保证畅通即可。

财路布局的宜忌：

1. 住宅大门忌正对着楼梯或电梯。这种状况很不利于宅内汇聚生气，当然也不利于通过财路聚财，乃大忌。化解之法是在门后安放屏风或用玄关隔开。

2. 住宅的门、窗不宜过多。门、窗是财路，财既可以进，也会流出。因此门窗过多是泄气的格局，不利于聚财。应进行改造。

3. 卫浴（尤其是厕所）之门正对着大门。卫浴乃住宅排水的主要通道，因此，来自大门这条财路的财气会被污染或被冲走。也需要进行改造。

4. 财路宜通畅和采光充足。凡是住宅的财路之处必须畅通无阻，不可堵塞。光线不足者，应加灯光补充采光。

5. 采用摆饰件加强财路的招财、聚财作用。在住宅中适当的位置摆放葫芦、元宝等物件，或悬挂牡丹题材的画利于招财、聚财。

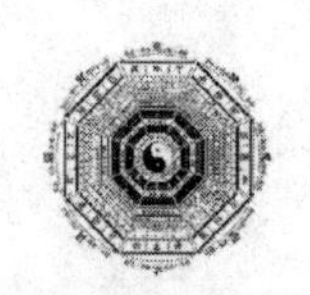

第二节 财 库

所谓“财库”是指家中存放可支配的财物之处。这对于一个家庭很重要，如果没有财库，这个家庭就难以聚财，即使有了财也留不住。如果财库的风水环境设计得好，将对吸金、聚财产生好的作用。

有人将保险柜、冰箱、厨房等都视为财库。将保险柜视为财库很容易理解，但是将厨房、电冰箱也视为财库则不是主流的观点。

还有一种观点将客厅视为财库，笔者认为客厅是住宅中最开放的区域，门户和通道过多，很难留住财富。因此，这种观点欠妥。

确定财库有多种规则，其中之一是根据命理学中的六十纳音对应的五行属性找出财库。列表如下：

根据生年六十纳音确定财库

生年	五行	生年	五行	生年	五行	生年	五行	生年	五行
1925 1985	乙丑 海中金	1926 1986	丙寅 炉中火	1927 1987	丁卯 炉中火	1928 1988	戊辰 大林木	1929 1989	己巳 大林木
1930 1990	庚午 路旁土	1931 1991	辛未 路旁土	1932 1992	壬申 剑锋金	1933 1993	癸酉 剑锋金	1934 1994	甲戌 山头火
1935 1995	乙亥 山头火	1936 1996	丙子 涧下水	1937 1997	丁丑 涧下水	1938 1998	戊寅 城墙土	1939 1999	己卯 城墙土
1940 2000	庚辰 白腊金	1941 2001	辛巳 白腊金	1942 2002	壬午 杨柳木	1943 2003	癸未 杨柳木	1944 2004	甲申 泉中水
1945 2005	乙酉 泉中水	1946 2006	丙戌 屋上土	1947 2007	丁亥 屋上土	1948 2008	戊子 霹雳火	1949 2009	己丑 霹雳火
1950 2010	庚寅 松柏木	1951 2011	辛卯 松柏木	1952 2012	壬辰 长流水	1953 2013	癸巳 长流水	1954 2014	甲午 砂中金
1955 2015	乙未 砂中金	1956 2016	丙申 山下火	1957 2017	丁酉 山下火	1958 2018	戊戌 平地木	1959 2019	己亥 平地木
1960 2020	庚子 壁上土	1961 2021	辛丑 壁上土	1962 2022	壬寅 金箔金	1963 2023	癸卯 金箔金	1964 2024	甲辰 佛灯火

续表

生年	五行	生年	五行	生年	五行	生年	五行	生年	五行
1965 2025	乙巳 佛灯火	1966 2026	丙午 天河水	1967 2027	丁未 天河水	1968 2028	戊申 大驿土	1969 2029	己酉 大驿土
1970 2030	庚戌 钗钏金	1971 2031	辛亥 钗钏金	1972 2032	壬子 桑松木	1973 2033	癸丑 桑松木	1974 2034	甲寅 大溪水
1975 2035	乙卯 大溪水	1976 2036	丙辰 沙中土	1977 2037	丁巳 沙中土	1978 2038	戊午 天上火	1979 2039	己未 天上火
1980 2040	庚申 石榴木	1981 2041	辛酉 石榴木	1982 2042	壬戌 大海水	1983 2043	癸亥 大海水	1984 2044	甲子 海中金

一．火命人的财库为生肖牛，比如霹雳火命、佛灯火命等，都可以在家中摆放或佩戴“玉石牛”的吉祥物来储存钱财，有助钱财的只进不出。

在风水、居家方位上，火命人的财库在“东北角”的方向，此地也为“三山”之地，应该干净整洁才能守得住钱财，如有缺角、卫生间，必须化解，不然则会存不住钱财，产生钱财消耗之事。

二．金命人的财库为生肖羊，比如剑锋金命、白腊金命等，都可以在家中摆放或佩戴“玉石羊”的吉祥物来储存钱财，有助钱财的只进不出。

在风水、居家方位上，金命人的财库在“西南角”的方向，此地应该干净整洁才能守得住钱财，如有缺角、卫生间，必须化解，不然则会存不住钱财，产生钱财消耗之事。

三．“阳木命人”的财库分为两种生肖财库和两个方向，“阳木”命人的财库为生肖羊和牛，比如松柏木命、大林木命等，都可以在家中摆放或佩戴“玉石羊和玉石牛”的吉祥物来储存钱财，有助钱财的只进不出。

在风水、居家方位上，“阳木”命人的财库在“西南角和东北角”的方向，此地应该干净整洁才能守得住钱财，如有缺角、卫生间，必须化解，不然则会存不住钱财，产生钱财消耗之事。

四．“阴木”命人的财库为狗和龙生肖财库，比如杨柳木命、石榴木命等，都可以在家中摆放或佩戴“玉石狗和玉石龙”的吉祥物来储存钱财，有助钱财的只进不出。

在风水、居家方位上，“阴木”命人的财库在“东南角和西北角”的方向，此地应该干净整洁才能守得住钱财，如有缺角、卫生间，必须化解，不然则会存不住钱财，产生钱财消耗之事。

五．土命人的财库为生肖龙，比如屋上土命、壁上土命等，都可以在家中摆放或佩戴“玉石龙”的吉祥物来储存钱财，有助钱财的只进不出。

在风水、居家方位上，土命人的财库在“东南角”的方向，此地应该干净整洁才能守得住钱财，如有缺角、卫生间，必须化解，不然则会存不住钱财，会有钱财消耗之事。

六．水命人的财库为生肖狗，比如大海水命、大溪水命等，都可以在家中摆放或佩戴“玉石狗”的吉祥物来储存钱财，有助钱财的只进不出。

在风水、居家方位上，水命人的财库在“西北角”的方向，此地应该干净整洁才能守得住钱财，如有缺角、卫生间，必须化解，不然则会存不住钱财，产生钱财消耗之事。

第三节 财 位

所谓“财位”是指聚集财气，能生财的旺位①。如何确定财位是一个没有统一标准的很复杂的问题。风水领域的各派有各自的规则，无法统一起来。说好听的是“仁者见仁，智者见智”，说难听的是“公说公有理，婆说婆有理”。让大家莫衷一是，难以判断真伪和正确与否。

江湖上确定财位最简单的规则是一套住宅的财位是在进门的左前方或右前方的对角线处，有人将它称为“明财位”。但是如果那个位置刚好是通道，则很难成为好的财位。

住宅四吉位中的“天医位”又称为“暗财位”。而“明财位”只是象征性财位，“暗财位”才是实质性财位，是真正的财位。“天医位”的定位规则已在第五章中介绍。找到天医位，才是真正确定了一套住宅的财位所在。

例如，一套住宅坐北朝南，也就是北宅，它的天医位在东方，就是该住宅真正的财位所在。

有一点需要说明，如果财位落在家中的白虎位，则该家主人会有偏财运。

一、财位五宜

1 财位宜明亮：财位不宜昏暗，明亮则生气勃勃，如果财位有阳光或灯光照射，这对财位的生旺大有帮助。

2 财位宜生旺：财位处需要生气和活力，所谓“生旺”，是指生机茂盛，故此应该在财位摆放常绿植物，尤其是以发财树、金钱树、万年青

① 笔者注：它只是能生财，不等于存放已有财富的财库。

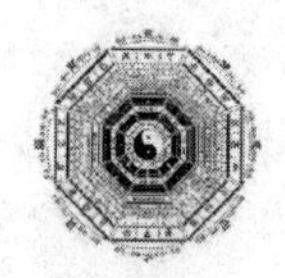

等最为适宜；但要留意，这些植物应用泥土种植，若以水来培养则不宜。财位不宜种植有刺的仙人掌类植物，否则会弄巧成拙、适得其反。

3 财位宜坐卧：这是指人适宜在财位上或坐或卧。财位是一家财气所聚的方位，所聚集的财气对他的财运会大有助益。因此，在财位处安放沙发、卧床、餐桌等是很有好处的。例如，把沙发放在财位，当一家大小坐在那里休息谈天时，可以多沾染里的财气，便自然会家财丰盈。此外，倘若把饭桌摆在财位亦甚适宜。

4 财位宜平整。如果财位处不是平坦之地，有台阶或斜坡，或有柱子，则既难以聚集财气，而且有了财气也难以留住。

5 财位宜吉祥：财位是旺气凝聚的所在地，宜摆放一些寓意吉祥的物件，以提升财气的凝聚之力。例如，福、禄、寿三星或是文武财神的塑像，这会吉上加吉，有锦上添花的作用。

二、财位六忌

1 财位忌昏暗：财位处不宜光线昏暗，否则会影响财气的凝聚。如果光线不足，可以加装灯光或长明灯来弥补。

2 财位忌多水：财位处不宜多水，例如靠近位浴，或在财位处摆放鱼缸等，这样会形成“见财化水”的格局，这无异于把财神推落水缸变成了“见财化水”。导致希望凝聚的财气打了水漂。有些人喜欢把鱼缸摆放在财位，其实这并不适宜，也不宜在财位摆放用水培养的植物。

3 财位忌被压：所谓被压是指，上方有横梁，或该处有大衣柜、书柜等笨重的家具。但放在财位上的床则不在此列。风水理论认为，财位受压是绝对不适宜的，倘若将沉重的大柜、书柜或组合柜等压在财位，那便会对这间房屋财运有损无益，会影响财运的生旺、财富的增加。

4 财位忌无靠：财位应该是坚固墙，象征有靠山可倚、无后顾之忧，财气来了能停得住。若财位背后脱空，或是透明的玻璃窗，则难以聚集财气，甚至有破财的可能。

财位背后宜有坚固的墙，因为象征有靠山可倚，保证无后顾之忧，这样才可藏风聚气。反过来说，倘若财位背后是透明的玻璃窗，这便非但难以积聚财富，而且还因为泄气，所以往往会有破财之虞。

5 财位忌被冲：风水学最忌尖角冲射，财位附近不宜有尖角，如果财位附近有尖锐的角对着它，则财气难以停留，会被冲走。好的财运也会变坏。

6 财位忌被污：财位不可靠近卫浴、垃圾桶和杂物等，因为它们产生的污秽之气，会污损并伤害财位，破坏财运，不但使财位不能招财进宝，反而会令家财损耗。

第四节　水与财运

毫无疑问，水对于宜居环境十分重要，因此古人将宜居环境称为“风水”。古人云：“吉地不可无水”，又云：“水为财”。可见水在风水中的重要地位，以及水对财运的影响。但是，并不是有水或水多就一定是好事。笔者前面曾经介绍过为一个苏州的朋友勘察的例子。他在苏州的家紧靠水边，由于他的命理原因，太多的水对他不利。后来的事实证明，他从 1999 年开始运气走了下坡路，至今尚未翻身。

因此，家宅中的水的状况，以及用水的方式对于该家宅的整体财运会有很大影响。不良的用水方式和习惯会败坏家庭的财运。以下是一些需要规避的不良习惯，值得参考。

一. 现在人们已经普遍在住宅和办公室中使用饮水机。在摆放饮水机时，应该将饮水机的出水口面向主人，且流向室内，这样利于进财；不宜背朝主人，或流向室外，这样容易流失财富。

二. 加湿器或者小型的风水轮，这种在北方冬天是比较常用到的物品，建议正确的摆放位置最好是在自己办公桌的左上角为好，且水要流向自己。如果不是在办公桌上的话，那就要在进门处的左边，这个位置可以催财。

三. 厨房的水龙头，这个使用的标准应该是不对着炉火，家居生活中切莫流水直对着炉火，这样的话，容易有损健康。

四. 鱼缸也是常用的物品，这种水摆放得当则催财，摆放不当则破财，建议最好有专人指点为好，不过不用的鱼缸要盖起来，否则变成虚水，有损财运，还有鱼缸里切莫只有水，没有鱼，这样的水是会破财的。

五. 家居布置中，生活用水与厕所用水要分开布管，发现有些人图省事，会在卫生间的水龙头中接水来烧饭喝水，这在风水上会导致运势走下坡路，正常情况下，烧饭喝水的采水地点只可以在厨房。

六. 家中如果水龙头坏了的话，建议要及时更换为好，跑冒滴漏的水龙头只会让你更多破财，以前的生活中常有人为图水表不走字，用桶接流下的水滴，看似占便宜，其实财运更加变差，未曾听说过发财的人有这样的习惯。

第八章 家居环境对桃花运的影响

所谓“桃花”和“桃花运”是指一个人有艺术情调，喜爱审美，也指此人为人风流倜傥、异性缘好。因此，桃花和桃花运不是纯粹的贬义词，不等于好色。

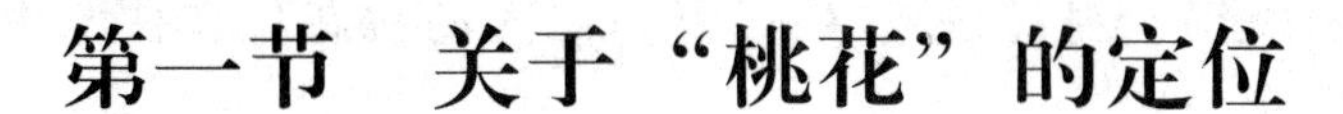

第一节 关于“桃花”的定位

古人所说的“桃花”有两类：桃花运和桃花劫。它们的本质是指“异性缘”。许多人对于“桃花”很敏感，一说起“桃花”马上与婚姻、好色等词汇产生联想。广义地说人人都有桃花，说一个人带桃花未必就是此人好色。而且桃花并非男性专有名词，女性也有桃花的问题。从命（先天）和运（后天）的角度看，既有先天注定的“桃花”，也有后天形成的“桃花”。

桃花运带来的的异性缘对当事人比较吉利，尤其是盼望婚姻的人需要有合适的桃花运。通常称为“交桃花运”。因此，需要从风水的角度营造出“桃花运”的氛围环境。

桃花劫带来的异性缘会对当事人形成伤害（严重的桃花劫还被称为“桃花煞”），因此需要化解之。通常称为“犯桃花劫”，它与“交桃花运”的性质和结果截然不同。

确定桃花需要从时间和空间两个角度进行分析。本书的主题是研究风水理论，因此只介绍桃花与空间位置之间的风水学上的关系。至于桃花与时间节点之间的关系，那是命理学领域的内容，本书不作介绍。

所谓“桃花位”，是指在家居风水环境中能够催旺桃花运的方位。所以，桃花位对于提升异性缘和处理人际关系有很好的帮助。按照古代传下来的风水学理论，人人都有风水学意义上的“桃花位”。但是，与传统文化其他领域相同的是，风水学领域也没有统一的标准。因此，如何确定桃花位，风水界各个流派的规则各不相同。比较常见的规则有：根据当事人的属相确定；根据该住宅大门的朝向确定；根据流年飞星理论中的四吉位之一的“延年位”确定；等等。

一套住宅的桃花位，会影响家中的每个人，而一个房间的桃花位只会影响该房间的主人。

按照属相来确定住宅中桃花位的方法是：

属猪（亥）、兔（卯）、羊（未）之人的桃花位在住宅中的正北位置；

属蛇（巳）、鸡（酉）、牛（丑）之人的桃花位在住宅中的正南位置；

属虎（寅）、马（午）、狗（戌）之人的桃花位在住宅中的正东位置；

属猴（申）、鼠（子）、龙（辰）之人的桃花位在住宅中的正西位置。

这种规则的依据是命理学中的原理。在命理学中，子、午、卯、酉四个地支称作"四桃花"，其所代表的方位分别是正北、正南、正东、正西。在命理学中，还可以根据这四个地支对应的年月日来推断桃花发生的时间。

上面所说的桃花位，是针对住宅内部，按照方向定位的。但如果基点不同，得到的定位结果也会不同。也有人将它用来确定住宅以外的桃花位的方向。确定方向的基点是其人的出生地或者居住地。由于风水学没有什么全国统一的标准，因此，各个流派也就各行其是。

古人云："立亥卯未向见子水"、"立巳酉丑向见午水"、"立申子辰向见酉水"、"立寅午戌向见卯水"，说的也是这个道理。①

下面是人的属相所对应的地支的三合局列表。

桃花位列表

属相	猪	兔	羊	蛇	鸡	牛	虎	马	狗	猴	鼠	龙
属相地支	亥	卯	未	巳	酉	丑	寅	午	戌	申	子	辰
三合局	亥卯未三合木局			巳酉丑三合金局			寅午戌三合火局			申子辰三合水局		
桃花方位	正北			正南			正东			正西		
桃花地支	子			午			卯			酉		

注：知道一个人的属相后，可以查阅此表知道其人的桃花位在哪一个方位。如果熟悉地支三合局，也可以直接推算出：

① 笔者注：其中的"子水"可以理解，而"午水"似乎应该是"午火"之误，"酉水"似乎应该是"酉金"之误，"卯水"似乎应该是"卯木"之误。

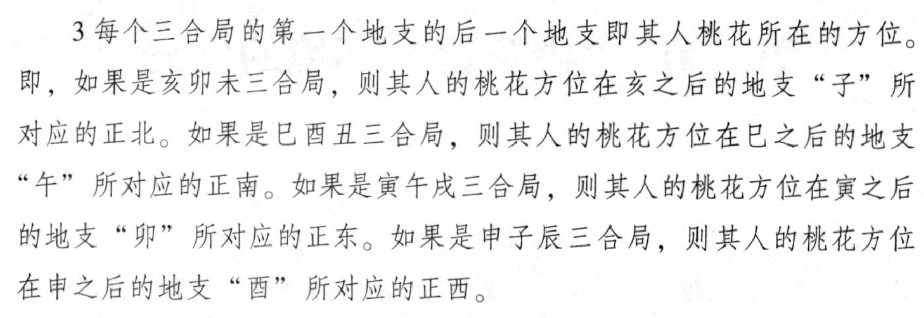

1 根据一个人的属相确定对应的地支；

2 根据这个地支确定对应的三合局；

3 每个三合局的第一个地支的后一个地支即其人桃花所在的方位。即，如果是亥卯未三合局，则其人的桃花方位在亥之后的地支“子”所对应的正北。如果是巳酉丑三合局，则其人的桃花方位在巳之后的地支“午”所对应的正南。如果是寅午戌三合局，则其人的桃花方位在寅之后的地支“卯”所对应的正东。如果是申子辰三合局，则其人的桃花方位在申之后的地支“酉”所对应的正西。

上面的推断过程说来话长，而实际推算是很快的。①

上面用到了地支与属相对应，再根据三合局确定桃花位。此外，地支还可以直接与方向对应，来确定桃花位。即可以根据大门的朝向（需要用罗盘勘察确认）来确定室内的桃花位：

若宅门朝向亥、卯、未三个方向，则桃花在正北方的子位。

若宅门朝向巳、酉、丑三个方向，则桃花在正南方的午位。

若宅门朝向寅、午、戌三个方向，则桃花在正东方的卯位。

若宅门朝向申、子、辰三个方向，则桃花在正西方的酉位。

---

① 笔者注：这种方法是风水界的“八宅派”理论，属于该派关于“延年位”理论的具体应用。

第二节 “桃花运”环境的宜忌

前面说了，桃花运对当事人比较吉利。例如，许多大龄青年本人或他（她）的家人会比较着急，担心成为所谓的“剩男剩女”，于是急切需要“交桃花运”，解决婚姻大事。除了利用命理学的知识解决桃花运问题，风水学也能提供帮助，营造桃花运的环境。

一、“桃花运”环境之宜

如何营造桃花运的环境这是许多人关心的问题。在风水学领域中各派都有一些方法和规则。

1. 根据“青龙、白虎”理论的方法

这是最简单的方法，依据是“男为青龙，女为白虎”。站在宅内面向大门，左侧为青龙位，右侧为白虎位。若是给男性加强桃花运，则在靠左侧放一个花瓶；若是给女性加强桃花运，则在右侧放一个花瓶。而且瓶内要插上鲜花的效果最好，但务必不可插干花。花瓶有生旺桃花的作用。花瓶的材质以瓷、玻璃或金属的圆形花瓶为宜。花瓶的颜色选得合适，对增强桃花运有帮助，以白色、金色、黄色、黄褐色、咖啡色为宜。花瓶乃开口的器物，属于兑卦，而兑卦就是主桃花和情感，甚至色情。①

也可以放置“和合二仙”的摆件或图画，或者獾的吉祥物（獾在中国传统文化中有“合欢”之寓意）。

2. 桃花位务必洁净

确定了桃花位之后，该处不可凌乱、堆放杂物或垃圾桶，须保持整洁。

---

① 笔者注：2006年有一位朋友的女儿三十岁尚未婚嫁，笔者建议在适当的位置放置了一个水晶花瓶，后来果然一年后结婚。当然这也许纯属巧合。

3. 桃花与家具和装饰的配合

如果条件许可，可以在桃花位安床。如果条件不允许，则可以将床头对着桃花位。或者放置上述生旺桃花的器物。

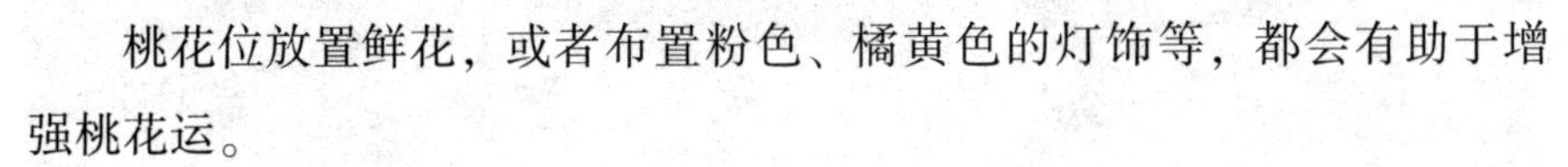

桃花位放置鲜花，或者布置粉色、橘黄色的灯饰等，都会有助于增强桃花运。

桃花位不可放置电视机、音响设备、DVD 等，否则会导致桃花运太易动，结果反而会影响婚恋的成功率。

二、“桃花运”环境之忌

1. 已婚人士不宜在桃花位摆放花瓶，以免招致婚外恋、婚外情等麻烦事。

2. 卧室内的镜子（穿衣镜、化妆台的镜子等）均不可正对着床。否则就形成了“白虎煞”的格局，那就不是桃花运，而是桃花煞。

3. 床头背后不可脱空无依靠，否则对女性不利，婚嫁难成。

4. 竖形灯饰有切割作用，因此床的上方不可采用。否则会破坏正常的桃花运。

5. 卧室下面不可有水沟或水管。否则会将好的桃花运冲走。这里所说的“下面”是指直接的下方，如果隔开了楼层就没有影响。

6. 凡是女性，不宜经常或长时间在卫浴化妆，因为卫浴之中有污秽之气，对桃花运不利。

7. 卧室要保证有自然采光，昏暗的卧室对桃花运不利。

8. 把厨房或卫浴改造的卧室，由于原来厨房的煞气和卫浴的污秽之气影响，对卧室主人的桃花运很不利。

9. 如果厨房中的水龙头正对着炉灶，容易犯桃花劫。

10. 如果别墅的门前有一个形似弯眉的水塘，则容易犯桃花劫。

11. 如果住宅门口正对着交叉路口形成的两个方向的两条路，则是很容易犯桃花劫的格局。

笔者要说明的是，上述种种规则和方法不是绝对的，只能作为参考。如果将之绝对化，那就有迷信之嫌了。

第九章 办公室

办公室对风水环境的要求与住宅很多是相同的，区别只在于办公室没有住宅的许多功能区域，却增加了住宅所没有的一些功能区域。本书只介绍关于公司办公室的宜忌，其他行业的办公室皆可类推。

即使再小的公司内也不止一个人，人多运杂，因此，对于办公室风水环境的整体要求应该以该公司法定代表人的属相和命理状况为准。但是，对于财务部门除了法定代表人还需要考虑财务总监或负责人的状况。

一、办公室的楼层选择

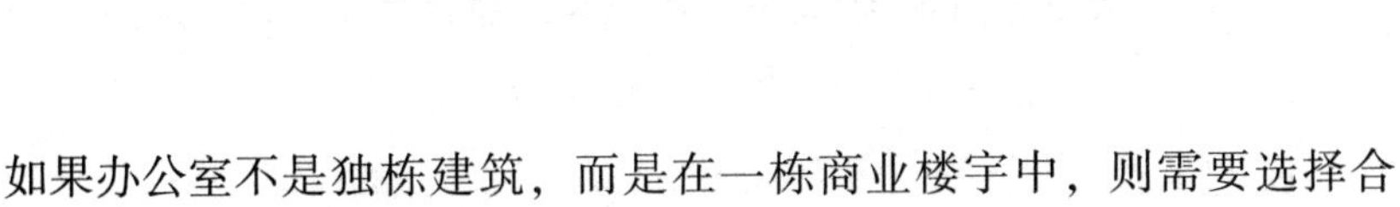

如果办公室不是独栋建筑，而是在一栋商业楼宇中，则需要选择合适的楼层。选择的规则与选择公寓楼的楼层相同。参见第六章第二节。

二、公司财库的定位和宜忌

1. 公司财库的定位根据法定代表人的属相确定（参见第七章第二节）。如果财库的位置不对，肯定会影响公司的财运、现金流。2001 年笔者在北京应朋友之请勘察了一位演艺界知名人士的办公室。发现财库的位置不对，于是对朋友说，此人的这家公司没钱了。一问，果然如此。

2. 公司财库的宜忌基本上与住宅的财库相同，参见第七章第二节。但如果财库的位置与公司的财务总监或负责人相克，则需要调整，一种办法是降低对财务总监的相克程度（例如，财务总监的办公室不放在财库的位置）。如果可能，也可以考虑更换人选。

三、公司法定代表人办公室的定位

在选定了公司合适的楼层后，法定代表人的办公室的定位也很重要。应该选择公司的四吉位。关于四吉位，参见第五章第二节。四吉位是根据该套房子的方位确定的，但对于公司的办公室，还需要结合法定代表人的属相一起考虑。

举例说明。法定代表人属鸡，公司的办公室为东北宅，即坐东北朝西南。四吉方在西南方（属土）、西方（属金）、西北方（属金）、东北方（属土）。则法定代表人的办公室选在这四个方位均可，其中西南方和东北方更佳（因为土生金）。

又如，法定代表人属鸡，公司的办公室为北宅，即坐北朝南。四吉方在东南方（属木）、南方（属火）、东方（属木）、北方（属水）。在这四个吉位中，南方不适合作为法定代表人的办公室（因为火克金），北方也欠佳，会影响公司的财运或法定代表人的身体不好（因为金生水）。因此，他（她）的办公室适合在东南方或东方的位置。

按照这个规则，对于所有公司中法定代表人的办公室均可依此推断。

当然，在可供选择的位置中还要考虑其他因素，例如，他（她）的办公室是否正对着电梯、楼梯，是否与公司大门直冲，是否靠近卫浴或垃圾桶等。

四、办公室内部的环境格局的宜忌

1. 办公室内忌有任何尖锐突出的拐角或其他的建筑线条

如果办公室内有此类状况，会影响该办公室中的正常之气，对室中的人容易造成伤害。化解的办法是，如有可能，将这样的部位包起来，或改成圆角；或者在该处放一盆藤蔓类植物。

2. 法定代表人的座位不可脱空无依靠

如果法定代表人的座位背后脱空无依靠，对公司的业务发展、财务状况十分不利，甚至会出现危机。化解的办法是调整座位的朝向，如果条件有限制，则需要在座位的背后放置一件山子（即玉或石雕刻的摆件，题材一山水为宜）。

3. 法定代表人的座位上方要避开横梁

凡一间房子的上方有横梁，会压制室内的正常之气。如果法定代表人座位上方有横梁，会导致其人的智力受损、公司受压、遇事受阻、难以发展，且易经常头痛。化解的办法是改变座位所在的位置，避开横梁。如果条件受限，则可以在其座位上方加装天花板将横梁隔开，或者在横梁上挂一串工艺品鞭炮。

4. 法定代表人的座位上方的灯光宜忌

① 灯饰不可在头顶的正上方。尤其是采用日光灯管的灯箱者，灯管的数量不可与其人的属相相克。例如，如果其人属猴，则座位上方灯管的数量不可是3（火克金）。关于这一点，在笔者的实践中得到多次验证，

屡试不爽。

② 不可采用竖形灯饰。否则如同刀剑对其人造成伤害。

5. 法定代表人的座位忌正对着镜子

办公室中镜子正对着座位，如同住宅的卧室中有镜子正对着床。会导致其人心绪不宁、决策犹豫，进而影响对公司的决策和自己的健康。

6. 法定代表人的座位忌紧靠窗户

窗户乃气口之一，进来的气有好有坏，好的气进来后未必一定能聚集，但坏的气（如煞气）进来后会造成破坏。

7. 公司的前台摆放的盆栽数量和颜色的宜忌

数量和颜色都具有对应的五行属性，需要考虑这些属性与法定代表人属相之间的生克关系，以相生为宜。

例如，若其人属虎或兔，则不宜采用白色、金黄色的花卉盆栽。而且盆栽的数量以 6 盆为宜，不可以是 9 盆或 10 盆。花盆的颜色以深色为宜。

8. 法定代表人的办公室内不宜设置卫生间

卫生间产生污秽之气，一定会影响其人和公司的运气。如果现成的办公室内已经有了卫生间，则要注意：座位不可朝向卫生间、或者卫生间门口加一块屏风，如果条件受限，无法做到这两点，平时务必盖上抽水马桶盖，关上卫生间的门。2006 年笔者在为一家企业勘察时就遇到这样的情况，由于难以改造，只能建议他平时关上卫生间的门。

公司内部的公用厕所不可正对着法定代表人的办公室。

此外，作为财务部门的办公室不宜安排在厕所隔壁，否则，会影响公司的现金流和整体财运。

9. 法定代表人的座位宜朝向公司的财库方向

开办公司，无疑是为了求财，而且都希望利润最大化。因此，其人的座位面向公司的财库方向，利于增强财运。上面说的 2006 年勘察的那家公司，当时请笔者去的原因是因为公司业务状况不好，接不到订单。笔者去后发现除了法定代表人办公室中有卫生间需要调整。他的座位朝向不对，就建议他当场调整了一个角度。事后一个月左右，他告诉笔者，公司接的订单增加了许多。

10. 法定代表人的座位对面要有一定的空间

如果他的座位对面离墙或书柜等太近，会对他形成心理障碍，并阻挡公司的业务发展空间。这就必须调整，没有其他折中的办法。

11. 法定代表人的办公桌上电子产品之忌

现在的办公桌上电脑几乎是必不可少的，还有电话、传真，或者还有复印机等。如果办公桌够大，而且确实需要，也未尝不可。但不能摆放得将他围在中间。因为这些电子产品的属性为火，对他构成了不利的格局。有这种格局的公司老板大多脾气很大，容易发火。况且，这些产品有电磁波辐射，也会影响他的身体健康。

12. 法定代表人的座位不可正对着饮水机，须离开一段距离

饮水机是现在许多办公室必备的设备。它会放水、泄气，因此对公司的财运和决策会带来不利影响。

13. 办公室内不宜装水龙头

如果为了方便，在办公室内装了水龙头，它也会放水泄气。因此，尽量不装为宜。如果已经装了，就需他离开一段距离。

14. 办公室内摆放电冰箱的宜忌

有许多上规模公司的法定代表人的办公室比较宽大、豪华，因此会在办公室内放电冰箱。如果法定代表人的命理上缺金或缺水，则有一台放入了酒水、饮料的电冰箱会对他的运气有所帮助。至于命理中的缺哪一个五行，需要排出八字后判断。但并不是摆放电冰箱对所有属相的人都有益，需要具体分析。

例如，公司的法定代表人生于 1966 年 7 月 29 日（农历六月十二）14:30，他的八字为：丙午、乙未、己丑、己巳，缺金又缺水。在他办公室中放一台电冰箱会有好的作用。

15. 办公室内设置水流景观的宜忌

有些大公司的法定代表人办公室内会设置一个小型的水流景观，因为水流象征财运，希望公司能财源滚滚而来，这无可厚非。但要注意的是：

① 进水口称为“天门”，宜安排在西北方（属金之位），且需要隐蔽起来；

② 出水口称为“地户”，不宜过大而导致排水迅速，也不可安排在

南方（属火之位，从而火克金）。

在某种意义上说，公司是一个机构，也可以说是一个家庭。公司的所在地（办公楼或办公室）相当于一个家庭的住宅。因此，前面第五、第六、第七章关于家宅的外部环境和内部布局的各种风水规则，同样适用于一家公司的风水环境。不同之处在于，一家公司内人员众多，相互之间的关系也与家庭成员之间的关系有所不同。所以，在考虑公司的风水环境时，主要关注点是：

1. 以公司法定代表人的命理运势为第一要素。

2. 一家公司从事的行业具有相应的五行属性，在风水布局时需要一并考虑。

3. 一般的公司内没有卧室，法定代表人的办公室内如果设有休息卧室，则也需要按照家宅中的卧室风水环境考虑。

4. 法定代表人的办公室兼有书房的功能，因此可以参照家宅中的书房环境进行布局。

附录

阳宅宜居环境术语和规则汇集

在风水理论体系的传承过程中，产生了许多风水规则。既有阴宅的风水规则，也有阳宅的风水规则。笔者在前面说过，本书不涉及阴宅问题，因此下面列举的规则只是关于阳宅的。在风水领域，除了一些通用的规则，各个风水流派，还有各自特有的一些规则。风水领域各种规则、歌诀之多超过了传统文化的其他领域，让人无所适从。由于风水领域没有一套标准体系，也从来没有一本风水学词典加以规范，因此，各个流派的规则会有一些相互矛盾之处。这样会让读者无所适从。下面汇集的术语和规则中的一部分是笔者经过实践验证过的，一部分是笔者在实践的基础上引申的，其余部分虽然笔者没有经过实践，但却有道理的。供读者参考。

笔者要声明的是，对于这些规则应该理性看待，切不可绝对化。尤其是在有些规则中涉及了鬼怪的内容，带有了迷信色彩，则需要理性地看待，甚至摒弃。切不可全盘照搬，否则容易走入歧途。这也是对待中国传统文化其他领域应该持有的正确态度。

第一节　阳宅风水术语

说明：下面只收录了与阳宅风水有关的常见术语。那些生僻、不常见的术语没有收录，也没有收录与阴宅风水有关的术语。

一　形煞类术语

割脚煞

住宅外部形煞之一。是指一栋大厦接近水面，导致水贴近房屋。这种形煞往往见于农村住宅或一些别墅区，在城市中比较少见。

镰刀煞、反弓煞

如果住宅位于弧形的天桥或道路的内侧，则称为“镰刀煞”。它刚好与第六章中介绍的反弓煞相反。见下图。

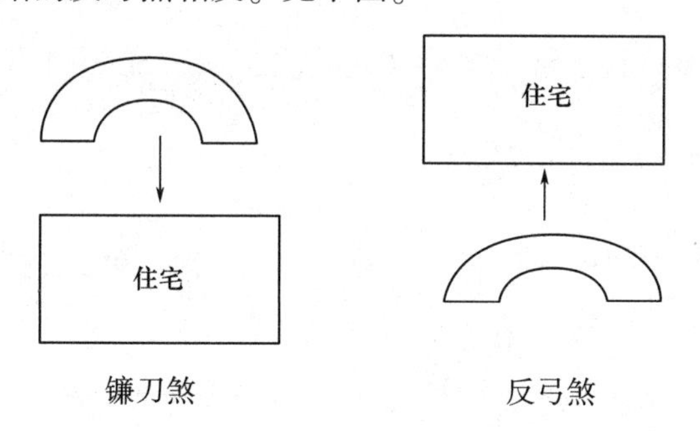

孤峰煞

是指独立的一栋楼宇，它的前后左右都没有靠山或大厦。即所谓“一楼独高人孤傲”。

枪煞

这是一种无形的气煞，风水学中有“一条直路一条枪”的说法。即是家中大门对正有一条直长的走廊，便视为犯枪煞。如果正对着大门的

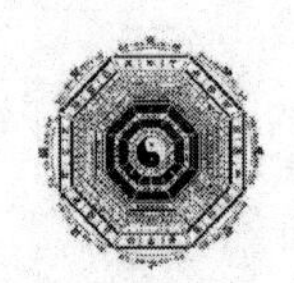

是直路或者河流等直冲而来的情形亦属枪煞。

反光煞

凡住宅外部的光线（如阳光、室外的照明强光）被玻璃幕墙、水面、玻璃等反射至住宅内部的情形均称为反光煞（在现代，这种情形称为物理污染）。反射入屋内的光线不仅刺眼，而且也易破坏室内良好氛围，让人产生烦躁冲动的情绪，心神不宁。如果光线反射入卧室，则不利于夫妻和孕妇。

化解方法：在玻璃窗上贴上半透明的磨砂胶片，再分别在窗边的左右角摆放一串木葫芦化解。反光强的还要在木葫芦之外加两串五帝古钱配白玉明咒。

斜枪煞

住宅的门前有一条道路斜冲着本宅，风水学上就称为“斜枪煞”。如果住宅冲犯了“斜枪煞”，则易使住宅主人破财或发生意外伤害事件。而且，若道路是从左前方直冲而来，此乃左斜枪，则易使家中的男性破财或受伤害；若道路是从右前方直冲而来，此乃右斜枪，则易使家中的女性破财或受伤害。

化解方法：在宅内对着直冲而来的道路方位挂一个珠帘或放置屏风。

白虎煞

即前面提到的风水格局中的“左青龙，右白虎”中的白虎，是指住宅的右方有动土的现象。

天斩煞

在第六章第三节中已介绍过“天斩煞”。住宅的对面有两幢高楼大厦之间的距离很近，形成一条狭窄的空隙，如同有一把刀从天而降斩成两半，这个空隙正对着住宅，即形成了天斩煞。这种住宅的主人易体弱多病，甚至会有意外事故，犯血光之灾。

化解之法：在对着空隙的方向摆放大铜钱和五帝古钱，或者安放一个铜马。如果情况严重（例如，对面的两栋楼很高、空隙很窄），则需要在家中正对着煞气冲来的方向摆放一对麒麟。

穿心煞

在第六章第三节中已介绍过“天斩煞”。一些楼房下方有人行通道，或者有地下铁路或隧道从楼下通过，便属于犯穿心煞的格局。这种住宅中的人家会身心不宁。

化解之法：在适当的位置挂葫芦，或摆放貔貅等。

廉贞煞

古代风水理论注重背后有靠的概念，但如果所靠之山并非名山，而是山石嶙峋，寸草不生的穷山，风水学上则称之为廉贞煞。①

天桥煞

是指有一条从高处下来的天桥带有弯斜的走势，由于天桥为虚水，因此，弯斜的走势象征着水的流失，对财运不利。

开口煞

住宅的大门正对着电梯或升降机的门，如同面对着老虎嘴，它的开阖会影响住宅中人的财运。

尖角煞

住宅外部有其他建筑物的尖角正对着住宅的大门，如同住宅被尖角插入一般，这种格局即为“尖角煞”。这种住宅中的成员会有严重的压抑感，容易导致重病或发生意外灾祸。

化解之法：需要在住宅内正对着尖角来的方向摆放不同的吉祥物品或镜子，用以化解或阻隔来自该方向的尖角煞。

二　格局类术语

月将

与十二个月对应，故又名十二神，它们分别是：寅为功曹，卯为太冲，辰为天罡，巳为太乙，午为胜光，未为小吉，申为传送，酉为从魁，戌为河魁，亥为登明，子为神后，丑为大吉。

九龙

风水术将山川形势分为九种龙姿，分别是：回龙、出洋龙、降龙、

① 笔者注：这种形煞在现代很不适用，不作详细讨论。

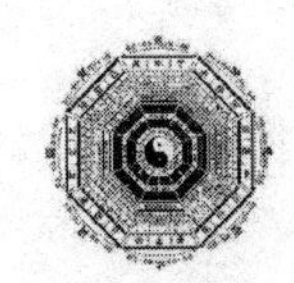

生龙、飞龙、卧龙、隐龙、腾龙、领群龙。

八风

用八卦来区分前、后、左、右、两肩、两足八方之风，何方受风必应其凶。分别为：乾，寿风；坎，广莫风；艮，子孙风；震，成风；巽，阳风；离，炎风；坤，湿风；兑，财风。

三阳开泰

这个概念出自易经理论中的十二月消息卦，用阴阳概念来赋予十二个月的阴消阳长的特性。在十二个月之中，十月为坤卦，纯阴之象。十一月为复卦，至阴之后，一阳生于初爻。十二月为临卦，初、二爻均为阳爻。正月为泰卦，下卦均为阳爻，有吉亨兴盛之象，故称三阳开泰。

五祀

是指祭祀五种神：门神、户神、井神、灶神、中雷（土地神和宅神）。

开生坟

是指人未死，就先找墓地修造坟墓。①

火地

是指住宅易失火之地。

水到局

是指来水进入明堂，临近墓穴前面之格局。

八宅

即乾、坤、艮、兑、坎、离、震、巽八种不同方位卦象之宅。古代风水理论中以三元甲子一百八十年为周期，推算人的八卦属性，各年所生依干支纪年八卦依次循环而有不同。其中乾、坤、艮、兑为西四命，以坎、离、震、巽为东四命。西四命人适合住乾、坤、艮、兑西四宅，东四命人适合住东四宅。如果居住的不合适，则凶祸立见。《阳宅十书·论福元第二》云："盖厥初太极生两仪，两仪生四象，四象生八卦。故生人分东位西位乃两仪之说，分东四位西四位乃四象之说，分乾、坎、艮、

---

① 笔者注：在古代上至帝王，下至百姓，这种现象很普遍。在现代社会中预购墓园中的位置也属于此类。

震、巽、离、坤、兑乃八卦之说，是皆天地大道造化自然之理。若福元（即生年八卦属性）一错，则东四修西，西四修东，吉星反变为凶星，虽外形内形俱吉，皆无用矣，关系最大。”因此，凡不同命宫之人所居不同之宅，其坐向、门向、道路、水井、厨灶、碾磨、畜栏、去水俱须有方位之讲究。若相互混用，皆为不吉。赵九峰《阳宅三要》云：“乾、坤、艮、兑四宅同，东西卦爻不可逢，误将他卦装：一屋，人口伤之祸必重。坎、离、震、巽是一家，西四宅中莫犯他，若逢一气修成家，子孙兴旺定荣华。”①

三要

是指阳宅之大门、主房、厨灶三大部分。风水家谓此三者为居家之要，故称三要。赵九峰《阳宅三要》云：“夫曰三要者何？门、主、灶是也，门乃由之地，主乃居之所，灶乃食之方。”大门指临街出路之门，主房不论前后偏正，以最高大者为主，厨灶方位，以厨灶房门方位而定，并非指灶门方位。三者之方位属卦，要相生而不相克。大门与主房相生则吉，相克则凶，厨灶亦须与门相生与主相生，但厨灶方位不决定全宅吉凶而以门、主方位为重。三者以门生主，主生灶，灶生门为序。测定方位之法，单层（单进）宅下罗盘于天井，看门主灶之二十四山向方位；多层（多进）宅于大门内二门外院正中下罗盘看厨门方位定灶，然后将三者合并看其相生相克以定吉凶。另外，三者之方位，属卦还须与居者命宫属卦究其相生相克、游年吉凶。

天心十道

天心，指阴阳宅明堂的中心。天心十道，是风水家为确定方位，以前后左右四应之山对称交叉为基础而在明堂中心划出的十字，亦简称十道。廖瑀《泄天机·全局人式歌》：“十道要无偏。”注曰：“十道者，凡人宅处以十字定之，要四位应对均正无偏，周密不露，然后为天心正穴。”所谓四应或者四位，在阴宅中，即指前后左右之山，要以对称为佳，不可有所偏废。徐善继《人子须知·穴法》云：“天心十道者，前后左右四应之山也。穴法得后有盖山，前有照山，左右两畔有夹耳之山，谓之四应登对。盖、照、夹、拱，故以此证穴，不可有一位空缺，凡真

① 笔者注：在第二章中笔者提出了对东四命和西四命计算方法的存疑。

穴必有之。点穴之际，须详审勿使偏脱，否则便为失穴。故左右夹耳之山不可脱前，不可脱后，前后盖、照之山不可偏左，不可偏右，如十字登对为美。”如果四应齐整匀称，拱揖向穴，风水家以为是大贵之象。刘基《堪舆漫兴》云：“天心十道还谁识，后靠前亲夹耳山，四面有情来照穴，定知有贵拜龙颜。”在阳宅中，于天井正中，划十字，四应即是四墙，多重院落则于大门内二门外划十字或最高房院之正中划十字。然后下罗盘于十字天心，以定二十四山向，定东四、西四宅，看门、主、灶之配合关系，以定吉凶。

大游年

所谓“大游年”是指，以生年的八卦属性与其周围八卦方位所得卦象来判断阳宅八方吉凶的理论。风水家认为，属于震、离、巽、坎年生的东四命人只能居住震、离、巽、坎坐向的东四宅；属于乾、兑、艮、坤年生的西四命人只可居住乾、兑、艮、坤坐向的西四宅。此以年定坐向，然后以坐向与八方之卦象变化及五行属性断其吉凶。游即变化，年即年命，故称大游年。《大游年歌诀》：“乾六天五祸绝延生，坎五天生延绝祸六，艮六绝祸生延天五，震延生祸绝五天六，巽天五六祸生绝延，离六五绝延祸生天，坤天延绝生祸五六，兑生祸延绝六五天。”例如，坎宫年生之人，其吉凶八方依次为：坎五天生延绝祸六。以上每字代表一方吉凶，顺时针方向转动变化。正北坎与坎俱属水，相生小吉为伏位（本位）吉方；东北艮属土，水土相克大凶，故为“五”鬼凶方；正东震属木，水生木，为“天”医吉方；东南巽属木，相生为“生”气吉方；正南离属火，虽水火相克，但在离坎卦象三三中，为阴阳相配，天地交泰夫妻和睦，故为“延”年吉方。西南坤属土，水土相战，为“绝”命凶方；西方兑为金，虽相生而卦象不吉，为“祸”害凶方，西北乾金亦与坎卦象不吉为“六”煞凶方。九宫八宅之方位各有不同吉凶，全依卦象与五行生克而定。另外，各方吉凶亦与龙法九星相联系，生气吉方为贪狼木星，上吉；延年吉方为武曲金星，上吉；天医吉方为巨门土星，中吉；伏位吉方为辅弼木星，小吉；绝命凶方为破军金星，大凶；五鬼凶方为廉贞火星，大凶；祸害凶方为禄存土星，中凶；六煞凶方为文曲水星，小凶。吉凶之方既定，阳宅兴建当尽依而行，吉方门房宜高大。凶方门房俱宜低下。《宅经》所谓“刑祸之方缩复缩”，“福德之方拓复

拓”，即是避凶就吉之意。

房份

亦名公位，是指阴宅阳基方位之吉凶决定大小子女之不同祸福。风水家认为，不同方位均代表不同的家庭成员，其五行生克吉凶即其所代表者之吉凶。以阳宅八卦方位论，东方震位为长男，东南巽位为长女，南方离位为中女，西南坤位为母，西方兑位为少女，西北乾位为父，北方坎位为中男，东北艮位为少男。八方八位各有不同生克。如震山坐宅，乾位开门，乾金克震木，长子受损；乾山坐宅，离位开门，离火克乾金，老父受损；金者震木门，克艮土宅，少于受损；巽木门克坤土宅，老母受损；兑金门克震巽宅，长子长女受损……。阳宅中多以穴场四周之砂水堂局定房份，且多只论男子长少。如左下角为长房，明堂为右房，右下角为三房，左上角为四房，虾须水之顶为五房等。凡山形清秀端正，圆润绕穴则吉，倾斜破碎则凶。由于师承不一，房份所属多有参差。公位盛衰之说，或有或无，其说大异。杨筠松《疑龙十问》、《管氏地理指蒙・释子位》、蔡元定《发微论》多论其为非，而是者谓同根一木，而枝有荣枯者异，故鬼福及人者亦有厚薄之殊，或以砂水护穴的情谊有不同，或因感应生气之通塞有差异，故而公位有盛衰兴废荣枯贵贱。据《旧唐书・温大雅传》载：“温大雅转礼部尚书封黎国公后，改葬其祖。风水术者占地后，云其地于其弟则吉，于在雅则凶。大雅言，果得如此亦含笑九泉。葬祖于其地，大雅岁余以疾卒，其弟支后昌。”

三　择日用事类术语

奠基

“奠基”是指一些重要的建筑物开基建筑之初所举行的一种庆贺性活动仪式，如大厦、场馆、亭台、楼阁、园林、纪念碑等，对于奠基仪式现场的选择与布置，有一些独特的规矩。奠基仪式举行的具体地点，按常规选择在建筑物正门的右侧。一般情况下，用以奠基的奠基石应为一块完整无损、外观精美的长方形石料。在奠基石上，通常文字应当竖写。在其右上款，应刻有建筑物的正式名称。在其正中央，应刻有“奠基”

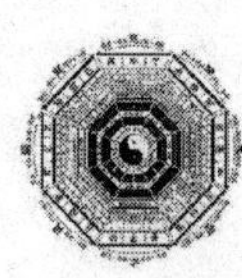

两个大字。在其左下款，则应刻有奠基单位的全称以及举行奠基仪式的具体年月日。奠基石上的字体，大都讲究以楷体字刻写，并且最好是白底金字或黑字。在奠基石的下方或一侧，还应安放一只密闭完好的铁盒，内装该建筑物的各项资料以及奠基人的姓名，或在基石前后左右安放镇物等。届时，它将同奠基石一道被奠基人等培土掩埋于地下，以志安镇祭典。通常，在奠基仪式的举行现场应设立彩棚，安放该建筑物的模型或效果图，并使各种建筑机械就位待命，并举行一些较为隆重的文艺活动以示庆祝。

动土

动土有禁忌，阳宅建筑时，按所择吉，用锄头在吉方锄下第一锄土的时间称“动土”。

下基

是指在盖房子的过程中，墙基挖好后，在吉方所下的第一块基石的时间称“下基”。

竖柱上梁

是指在盖房子的过程中，竖立柱子及上屋顶大梁的良辰吉日。

安门

是指在盖房子的过程中，安装大门，开放门路的日子。这里所说的“安门”，主要是指安家宅的主门，如果家宅有庭院，则指庭院的大门而言。

作灶

是指修造住宅中的厨灶。

进火

一般指入宅，古时有进火的一套仪式，现在小城镇和农村还有此习俗。在现代出版的老黄历中有“入伙”之说。而且现在许多房地产商卖楼的术语中也出现了“入伙”的说法。主要是因为港澳台地区始终没有丢弃古代传下来的这个说法，然后在20世纪90年代又回传到内地。

移徙

迁移居所，搬家和搬迁办公室都属于此例。

修造

修建、改建房舍、楼宇，现代的家居和办公室装修亦属此例。

订盟

此乃婚嫁用语，是指男女双方订婚。又称为文定、过定、小聘、暗定等。

纳采问名

乃婚嫁的“六礼”之一。所谓“六礼”，是指纳采、问名、纳吉、纳征、请期、亲迎等六个步骤及其礼仪。其中，“纳采”是婚嫁过程中的第一礼，纳送采礼以示求婚问嫁。

嫁娶

指男婚女嫁，结婚典礼。

冠笄

“冠”指冠冕，女装称为“凤冠”，“笄”指别住帽子用的簪子。一般指古代新娘上装、梳妆盘头冠戴礼仪。

祭祀

祭祀祖先或在庙里祭奠、拜神。

祈福

祈求神灵降临赐福，设醮许愿还愿。

立券交易

即签订交易或买卖的契约、合同。

栽种

种植、栽培。

开渠穿井

开凿水井、沟渠；修筑下水道。

开市

是指商铺、公司开张之日，或指新年后第一天开业庆典。

扫舍

清扫楼宇、房舍。

开仓

指开仓放粮。在古代社会往往会由于灾荒等原因，需要开仓放粮

赈灾。

作梁

是指在盖房子的过程中，制作和架设屋梁。

修饰垣墙

即修饰院落围墙。

平治道涂

即修整道路。

修屋壤垣

修葺或折除旧屋、围墙等。

后土

是指道教尊神“四御”中的第四位天神，简称“后土”，俗称“后土娘娘”，为主宰大地、山川的女性神。与天界的主宰玉皇大帝相配合成为世称的“皇天后土”。

“后土”一词，出自儒家经典。如《尚书·武成》有“告于皇天后土”，《左传·文公十八年》有“使主后土，以揆百事”。后土是一位佐福之神（亦称福神之位）。

玄关

原指佛教的入道之门，后来演变为泛指厅堂的外门。再经过长期的约定俗成，玄关演变为房屋进户门入口的一个区域，是开门第一道风景，室内的一切状况均被掩藏在玄关之后。玄关是客厅与出、入口处的缓冲地，而这里也是居家给人“第一印象”的制造点。从风水上来讲，玄关不宜太狭窄，要有五尺以上，不宜太阴暗，不宜杂乱等。

第二节 风水古训和歌诀

一 风水古训："十一不帮"

自古以来，风水师在勘察风水时有下面十一种情况不可帮的规则：

1. 乱斗风水者不帮；2. 素不孝悌者不帮；3. 积世怙恶者不帮；
4. 身为不善者不帮；5. 心术不测者不帮；6. 为非作歹者不帮；
7. 古坟旧墓者不帮；8. 私用公山者不帮；9. 来历不明者不帮；
10. 信任不专者不帮；11. 接待无礼者不帮。

二 旺宅化煞二十二法

第一法：城门一诀最为良　主宅安坟定吉昌
第二法：屋内风水凶不得　罗盘自把凶转吉
第三法：四支毛笔文昌数　成绩从来占鳌头
第四法：家人无故多受伤　麒麟自把三煞制
第五法：官灾重重接踵来　八卦用来化太岁
第六法：小人光波阻滞多　青龙一条去其恶
第七法：门外煞气旺且盛　虎头牌一个见功
第八法：门外楼梯级级去　门槛一条保家运
第九法：五帝古钱作用多　旺了家宅又旺人
第十法：宅外尖射成凶煞　凹凸之镜显功效
第十一法：珠帘屏风有何用　枪煞反攻显其效
第十二法：年内宅主运多滞　风铃一个化五黄
第十三法：未入宅时先旺宅　旺五方趋吉避凶

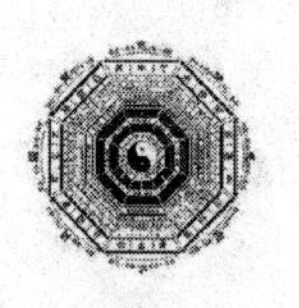

第十四法：年过三十未娶妻　花瓶有得桃花运

第十五法：八方五行皆不同　门口地毯小心放

第十六法：家从多病怎么办　葫芦一个显其效

第十七法：天神供壁保平安　地生共琮催财运

第十八法：宅外阴邪三气盛　对症下药用壁邪

第十九法：家和尺寸分吉凶　风水尺自有妙用

第二十法：算盘五行属于木　门槛之上建奇攻

第廿一法：各样行事要择日　通胜一本解疑难

第廿二法：耗财连连不得了　饲养乌龟班财运

三　阳宅三十则（《沈氏玄空学》）及补注

1. 城乡取裁不同

原文：乡村气涣，立宅取裁之法，以山水兼得为佳。城市气聚，虽无水可收，而有邻屋之凹凸高低，街道之阔狭曲直。岫者、低者、阔者、曲动者为水。直者、凸者、狭者、持高者为山。

补注：乡村地区，空旷气涣，以山水兼得为吉宅。大都市人气旺盛，虽无真水，可以此阳宅（住宅）低者、空阔、大门、冷气口、电梯、升降机、来路、十字路口、曲动者为水论之（用玄空地学水星为用）。可以比阳宅（住宅）高者、高楼、大厦、凸出之建物、特高者为山（用山盘为用）来论断。一般而言，阳宅得山水旺气者，其发福比乡村之宅要来的大且速。

2. 挨星

原文：阳宅挨星与阴宅无异，以受气之元运为主，山向飞星与客星之加临为用。阴宅重向水，阳宅重门向，然门向所以纳气，如门外有水放光，较路尤重，衰旺凭水，权衡在星之理，亦无稍异也。

补注：阴宅和阳宅，玄空地学挨星用法，大致相同。唯阴宅重水，阳宅重气，因之，阳宅大门纳气口最为紧要。若阳宅四周有真水放光者，较路尤为重要，是水星当令与否之用神。阳宅以建造完成，并且有人入住后，才是起元运开始。而且以居住在该阳宅内的所有人，发生吉凶祸福之克应，和该阳宅之所有权人无关。

3. 层向门向

原文：凡新造之宅，屋向和门向并重，先后屋向断外六事之得失，倘不验再后门向断之。若屋向既验，不必复参门向，反之，验在门向，亦不问屋向也。

补注：古诗建筑物，大都是屋子向和门向同一个方向较为多数。现代都市阳宅之建筑，尤其是高楼大厦，屋向和门向很多是不同方向的，所以较为复杂。因之，屋向和门向（门的方位）要兼看，才是正诀，并以屋向定坐山，大门看阳宅纳气之旺衰，外局看山水星当令与否凭据。

4. 堂局环境

原文：凡着阳宅，先看山川形势气派之是否合局？继看路气与周围之外六事，及邻家屋脊、牌坊、旗杆、墩、古树等物，落何星宫，辨衰旺，以断吉凶。

补注：都市阳宅，先看外局山星和水星是否当令，再看纳气口（大门）是否旺相，又观外局水路、邻屋高低、形状、排列、远近。如有恶物尤为紧要，如路冲、反弓、斜飞、反跳、屋角、地基线、电塔、电杆、招牌、烟囱、建物高压、屋后仰瓦、斜射等。又局看水星之用神物，为大门、内门户、通路、窗户、鱼缸、水池、冷气口、电梯口、空地、岫入、低陷、流动之物等。看山星之用神物。为金库、橱柜、办公桌、营业台、炉灶、床位、神位、固定宝体之高凸物等。配合元运之生旺为吉，

退、衰、死气为不吉。

5. 大门旁开

原文：凡阳宅，以大门向首所纳之气断吉凶。大门旁开者，则用大门向，與正屋向，合两盘观之。外吉内凶，难除瑕疵，外凶内吉，只许小康。

补注：研讨阳宅大部屋向、门向同一方向，若屋向和门向不同时，才要屋向和门向合观论断。若又开一旁或后门，也可参断，唯其力量较小。

又注：现今大楼阳宅很多是屋向和门向不同，又工厂、别墅、游乐区或有外面墙之建物，也有很多外面大门，不同屋向者，此皆要参断之。

6. 屋大门小

原文：凡屋与门，须大小相称，若屋大门小，主不吉。然屋向、门向皆旺，屋大门小亦无妨。

补注：阳宅纳气之口，即是大门。因之，房屋之大小，必须配相称之大门，才是吉宅。屋大门小，纳气必不足，宅气必衰。若屋向、门向生旺者较无妨，但发福却有限。还是要以屋门相配，又得生旺者，才可大发财富、添贵丁矣。

7. 乘旺开门

原文：凡旧屋欲开旺门，须从旧屋起造时，某运之飞星推算，如一白运，立壬山丙向，旺星到坐，原非吉屋。到三碧运，在甲方开门，方能吸收旺气。缘起造时，向上飞星三碧到震，交三逢乘时得令，非为地盘之震三也。若开卯门，亦须兼甲，以通山向同元之气也。

补注：原文立壬山丙向为一运下卦图，为后山后水局，大门不得旺气（水星不当合），所以不发财富。到三运时，水星三到震宫，又开甲门，乘当旺之气，大发财富（壬山丙向开甲门，地元来龙地元门最吉）。若开卯门要兼甲通气亦大吉。

8. 新开旺门

原文：凡旧屋新开旺门后，其断法，可竟用门向，不用屋向也。打灶、作房，亦从门向上定方位。按：此指旺门大开，原有大门堵塞，或紧开者而言。须辨方向之阴阳顺逆，与乘时立向无异。若开便门以通旺气，则取同元一气，仍照起造主极之屋向断之可也。

补注：玄空法应以屋向定坐山和门向定坐山来起盘（须配合阳宅建筑之形状、环境来取舍才对），决定以屋向或门向为准。若旧宅旺门已过，由旺变衰者，宜用改换天心之法，来补救之。否则，必要堵塞或紧闭原有大门，另开一新的旺门，才能续发财利。若门向、屋坐空亡者，可改门向一、二分来转凶为福，唯大门不可歪斜过多不吉。

9. 旺门蔽寒

原文：几所开旺门，前面有屋蔽寒，不能直建，从旁再开一低小便门，以通旺门，则小门只作路气论，不必下盘。

补注：玄空水神令星到大门纳气口，为旺门，若前面有高屋阻塞，乃水神上山也。从旁再开一低小便门通行，只作路气看，即使为旺门，其作用亦不如正大门之效用。

10. 旺门地高

原文：旺门外有水，本主大吉。但门基反高于屋基者，虽有旺水，

不能吸收。门基高于门内之明堂者，亦然。若门外路高当别论也。

补注：现代都市或乡村阳宅，或因超抽地下水，地层下陷，或因常常整修加高马路，使得外面路基高于屋内地基，阻挡了旺气入门，成为纳气不足之宅不吉。购买或建筑阳宅者，要事先考虑此现象守吉。

11. 黑衙

原文：凡宅内有黑衙，不见日光者，作阴气论。二黑或五黄加临，主其家见鬼。即不逢此二星，亦属不吉。

补注：阳宅屋内，终年不见阳光，又黑暗、潮湿、阴冷、杂乱、腐臭、发霉者，逢挨星、飞星二五加临者，易生鬼怪、阴症大凶。另阳宅坐下空亡，玄空二、四、五、七、九阴星成群，又黑暗阴阳和邪秽之物（木偶、人物、古物），最易闹鬼怪、阴邪。又挨星二六同宫失令（二六乾坤，鬼神不安），或一八同官（一为幽冥，八为鬼路）失令者，也易有鬼怪阴邪之患。宜在上元（用水星一白）、中元（用水星六白）、下元（用水星八白）开大门或大窗，引旺气入门，并引阳光正气入屋内，或点灯（日光灯、电灯）终年明亮，并终年播诵心经、金刚经、六字大明咒，除去邪秽之物，保持宅内干净明亮整洁，可化鬼怪于无形，保主家之平安顺遂（阳气旺盛之宅，鬼怪不敢居而自散也）。

12. 造灶

原文：不论宅之生旺衰死方，均可打灶，但生旺方可避则避。灶以火门为重，灶神坐朝可弗问焉。火门向一白，为水火既济，向三碧、四缘为木生火，均为吉灶。火门向八白，火生土，为中吉。向九紫，亦作次吉论，但究嫌火太炽盛耳。六白、七赤火门不宜向，因火克金也。二黑、五黄更不宜向，因二为病符，五主瘟毒。然火门所朝屋，至八、九运打灶，仍须用一白运之向上飞星是也。唯飞星之九紫方切忌打灶，火气太盛，恐遭火患。此造灶方位之概略也。

补注：古时之灶以灶门为重，因灶门乃气口也，其重要性，不言可喻。现代大都使用瓦斯灶、电锅、微波炉等，因之，重要性虽有，却稍微下降，看法也有所不同。用水星看灶向（瓦斯炉向或瓦斯桶出气口向）。用山星看灶（和其它相关用器）之摆设方位。以挨星一白、八白、三碧、四绿为吉。以挨星二黑、五黄、六白、七赤为凶，九紫亦非宜（半吉半凶）。

13. 粪窖牛池

原文：秽浊不宜乡迩，五黄加临则主瘟毒，二黑飞到亦罹疾病，以较远之退气方为宜。

补注：古时茅厕池，卫生较差，克应亦重，最忌水星二、五加临之方，山星二、五加临亦忌。现代阳宅厕所以抽水马桶居多，只要保持干净清爽，克应降低，唯亦忌二、五加临。一白为文星、四绿为文昌、六白为官星亦不宜置厕所、浴室（水星为主）。又厕所不宜压本命卦位，亦不吉。厕所最宜夺宅之凶或水星之退气方或死方最吉。

14. 隔运添造

原文：凡屋同运起造，固以正屋为主。如后运添造前后进或侧屋，而不另开大门者，亦仍作初运论，不作两运排也。独自出入，方作两运排。倘因后运添造，而更改大门，则全宅概作后运论可也。

补注：阳宅同运有添造之屋，以原运为主。阳宅后运添造之屋，不另开大门者，以原运为主；有另开大门者，须以添造大运，另外排盘起运为主。若阳宅后运添造之屋（如：原为一运造二层楼房，二运添造三楼又另开大门出入）者，一、二楼以一运盘看，三楼以二运盘看。若三楼不另开大门者，则一、二、三楼皆以一运盘看即可。若阳宅后运添造新房，又有改换天心者，皆以后运盘看也。

15. 数家同居

原文：一宅之中，数家或数十家同居，断法以各家私门为主，诸家往来之路为用，看其路之远近、衰旺，即知其气之亲疏、得令也。

补注：此指古时三合院之建筑也。现代高楼大厦，各户各自独立，较无此现象。若有数家同居现象，以此断可也。一般而言，阳宅以水星论纳气（如大门、窗户、走道、电梯口、楼梯、冷气口、底层大楼入口等）。以山星论外局或屋内实体、高物（如高楼、金柜、炉灶、办公桌、橱柜、床铺、高物等）。

16. 分宅

原文：一宅划做内室，另立私门者，从私门算，但全宅通达毗连，仍做一家排，不从两宅断也。

补注：阳宅本为一间，后来用砖墙隔成两间，互相阻隔不通气，又另立私门出入者，以两家论各自吉凶。若全宅内部有通道者，虽另立私门，只以另开旁门论之，不以两宅论。一宅之中，开两处大门者不吉，主争斗不和也。

17. 逢囚不囚

原文：向星入中之运，如：二、四、六、八进之屋，逢囚不囚者何也？因中宫必有明堂，气空，可作水论，向星入水，故囚不住。若一、三、五、七运之屋，入中便囚，但向上有水放光者，亦囚不住。

补注：向星入囚，即向星入中宫也。若中宫有明堂（天井）者，即囚不住。若中宫无明堂（天井），而向上有水放光者，亦囚不住。另逢向星五黄方（阴宅有水，阳宅有门者，亦囚不住，盖五黄入中不囚

（五黄乃至尊皇极也，何囚之有）。如：辰山戌向一运盘，交二运（二黑入中）谓向星入囚，若坤方阳宅有开门路，阴宅有水放光，则不能囚。一般而言，阴阳二宅逢水星入囚即破败衰退不吉。但有囚得住和囚不住之别。

18. 分房挨星

原文：凡某运起造之宅，至下运分作两房者，仍以起造时之宅飞星图为主，而以两边私门为用。盖星运定于起造，不因分房而变动。分房以后，各以所处局部之星气推断吉凶可也。同运分房者，类推。参看《宅断》中，会稽章宅七运，子午兼癸丁图自明。

补注：阳宅某运起造之宅，而一宅中居住有二姓人家，各自设立一私门，乃以起造之宅运星图为用，再配合各自私门、宫位、摆设、格局以断吉凶。阳宅改换天心后，才可以改换天心时之元运起盘为用也。

19. 店屋

原文：凡看店屋，以门向为君，次格柜，又次格财神堂，俱要配合生旺。若门吉、柜凶或时堂凶，吉中有疵，主伙友不和或多阻隔。其衰旺之气，皆从门向吸受。

补注：商店主要在赚取利润，因之，水星财神尤重。要合水神当合，兼纳气大门值旺最吉。若柜台、福神位再值生旺之位，则吉上加吉，必主大发财利。商店最忌坐向空亡或福神位、柜台、办公桌值空亡不吉，主奴仆不得力、夥友不合、经营不利，多不顺遂也。

20. 吉凶方高

原文：宅之吉方高耸，年月飞星来生财愈吉，来克泻则凶。若凶方

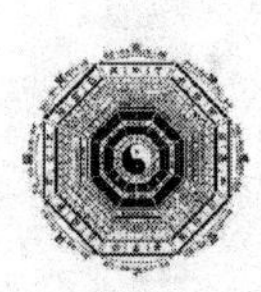

高耸，年月飞星来克泻反吉，来生助则凶。此指山上龙神之方位也。

补注：阳宅山星旺（当令）相（生气）有高耸之楼或物为吉，年月紫白飞星来生助或太岁加临时，主应吉利之事，若年月紫白飞星来克泻则不吉（不能显吉）。阳宅水星令星到高耸之楼或物（谓：水神上山）则凶，年月紫白飞星来生助或太岁加临时，主必发凶祸，若年月紫白飞星来克泻则反吉（不能显凶）。

21. 竹木遮蔽

原文：阳宅旺方，有树木遮蔽主不吉，竹遮则无碍，然亦须疏朗，因竹通气故也。衰死方竹木皆不宜。

补注：阳宅水星旺方有水、又有恶物（如：水反背、反跳、反弓、斜射、掀裙舞袖、斜飞、电杆、屋角、尖射等），可用竹林遮形通气，阴挡恶物，但引通旺气入宅也。

22. 一白衰方

原文：阳宅衰气之一白方，有邻家屋脊冲射者，主服盐卤死，默头更甚。

补注：元运二、三、四、五运时，一白为衰死之星，逢衰气一白方有屋角冲射或兽头形煞者，主凶死、损中男。一般而言，阳宅四周有恶物形煞者，皆要制化之，否则不独一白衰方有凶，其余九星皆有祸也。

23. 财丁秀

原文：财气当从宅之向水，或旁水，看旺在何方，加太岁断之。功名当从向上飞星之一白、四绿两方，看峰峦或三叉交会、流神屈曲处，加太岁、合年命断之。丁气当从宅之坐下，用户当运之山星断之，其验

乃神。

补注：阳宅财气多寡，当从水星是否当令（水令星是否到大门、电梯口、空地、水池、十字路口等），来断。功名从水星一白、四绿方有无生旺秀美或三叉交会或屈曲之水来断；又从山星一白、四绿方有无生旺秀美峰峦来断；屋内之书房、卧房、床位，宜放山星一白文星、四绿文曲、六白官星、八白左辅星、九紫右弼星之宫位最吉。丁气从山星是否当令来断；屋内之床位、炉灶宜值宅山星之一白、六白、八白官位，并兼年、月紫白一、六、八加临最吉。

24. 流年衰死重临与旺星到向

原文：阳宅衰死到向是某字，逢流年飞星到向，又为某字，主伤丁。旺星不到向，逢流年旺星到向，亦转主发祸，阴宅同断。

补注：阴阳宅山水失令（谓衰败宅），又衰死之星到向是某字，逢流年紫白飞星填实（同一字），主伤丁（山星失令才会）。阴阳宅失令，逢流年紫白令星加临（失令宫位或屋向或大门）时，易有凶祸。一般而言，玄空克应吉凶应期有下列几种：一、太岁填实；二、令星加临；三、恶星填实；四、五黄加临；五、恶星并临。

25. 鬼怪

原文：衰死方，屋外有高山、屋脊，屋内不见，名为（暗探），屋逢衰时，阴卦主出鬼，阳卦主出怪，阴阳并见主神。然必须太岁、月、日、时加临乃应。初现时，有影无形，久而弥显，甚或颠倒物件，捉弄生人。枯树冲射，屋运衰时，阴卦亦主鬼，阳卦主神，阴阳互见主妖怪。

补注：阴卦者，乃坤二、巽四、兑七、离九。阳卦者，乃坎一、震三、艮八、乾六。（这里采用的是八卦的后天数，而不是先天数）阳宅山水星失令，坐空亡又宅内阴冷黑暗，值二、四、五、七、九阴星成群之宫位（一八同宫或二六同宫失令也算），最易出鬼怪、阴邪。若阳宅有此

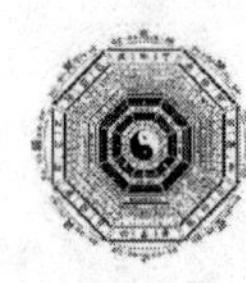

现象者，宜用下列方法化之：

1. 信仰一正统宗教，心中有主，多念经持咒，心存正念，自有神佛扶持。

2. 多行善事、积功德，转化前世逆缘。

3. 屋内保持整明亮（引阳光正气入屋内或点亮电灯，保持整日明亮），除去邪秽、杂乱之物品，屋内不可阴霉冷湿黑暗。

4. 开水星当令大门或大窗，引旺气入门（上元用一白、中元用六白、下元用八白）。

5. 神位要安于生旺方，且要有神明供奉（不可只有祖先牌位，而没有神明佛像）。

6. 终年播诵心经或金刚经或六字大明咒或佛祖圣号，本身持念亦吉。

7. 阳宅多邀请亲朋好友来聚会，人气旺盛（阳旺）则阴气消也。

8. 多运动，保持身强体健，并多到外面吸收阳光正气，阳气足，则百邪不侵。

9. 床头、床尾不要有镜子反射，亦不宜摆设木偶、人像、古物或奇形怪状之物品。

10. 点沉香有旺宅气之效用。在宅之生旺方放置“五行七星檀木”，亦有旺宅气之效用，“五行七星檀木”除有辟邪效用外，兼主旺财帛，宅气旺盛则阴邪自散矣！

26. 路气

原文：路为进气之由来，衰旺随之吸引。离宅速者，应微，然亦忌冲射、名为“穿砂”，有凶无吉，二宅皆然。贴宅近路，与宅中内路，尤开吉凶，故内路宜取向上飞星之生旺方，合三般者古。而外路亦须论一曲之首尾，查三湾之两头，看其方位，落何星卦？湾曲处作来气，横直者作止气，其法系从门向上所见者排也。天元五歌云：（酸荥入酪不堪斟），即言屋吉路凶之咎也。

补注：大门宜开在水星生旺之方或合城门诀方位最吉。而大门宜和内路相生或比和（一路顺生、比和或合三般卦）最吉。忌门和路相冲克不吉，又大门和后门一路直冲（谓：一箭穿心）亦不吉（宜用屏风、柜子挡阻、回风转气才吉）。外路须查来路、去路、十字路口、空地、大门口，以水星盘和龙门八局水法来论断吉凶祸福。

27. 井

原文：井为有源之水，光气凝聚而上腾，在水里龙神之生旺方，作文笔论。落衰死克煞方，主凶祸。阴宅亦然。

补注：古时水井，有真水发光、水源不绝，水气上升如文笔，若水盘令星到水井处，主文秀，并发财利。若山盘令星到井，谓：（山龙下水），主有凶祸。现代蓄水池（塔）多有加盖，不见真水，不以文笔论。一般而言，阳宅前方不可打井，亦不可在龙脉（后方来龙）处打井，伤及龙脉亦不吉。

28. 塔

原文：塔呈挺秀之形，名曰：文笔。在飞星之一四、一六方，当运主科名，失运亦主文秀。若在飞星之七九、二五方，主兴灾作祸，克煞同断，阴宅亦然。

补注：阴阳二宅四周有高塔或直木、火星型建物高耸者，皆可作文笔论。最宜当运，又居一四同宫或生旺之砂（可用杨公拨砂诀），主有祸灾或回禄之灾。

29. 桥

原文：在生旺方，能受荫。落衰死方，则招殃。石桥力大，木桥力轻，二宅同断。

补注：都市阳宅，有些位于高架桥、陆桥、行人桥之附近，其影响

力亦大。一般而言，高架桥比阳宅高者为压迫必为凶（主欺主）。若桥梁在远方，且为山星生旺方位，反为吉论（前可当案朝，后可当屏龙、乐山）。

30. 田角

原文：取兜抱有情，忌反背、尖射，二宅皆煞。

补注：不只是田角而已，如流水、道路都喜欢环抱有情。不宜反背无情、斜飞、反弓、割脚、掀裙舞袖不吉。

又注：现代住宅有很多的电器用品，如：电视、电锅、电炉、电风扇、音箱、收音机、电话、冰箱、电动机、电磁炉等，宜放置宅之生旺吉方为宜（可产生吉祥之磁场、声波）。不宜放置凶方，不吉（产生凶波，尤以五黄关杀方最凶）。①

四　三合派秘传阳宅望门断（叶九升著）

居民立宅最重要，前要有案中要平，后边敦厚主有寿，左右环抱不受风。

入庄吉凶从何断，须得水口问个清，西方来水向左转，庄前流水向东行。

水左水右局何定？此是水局真行踪，子地来水帝旺进，帝旺入堂有功名，

门口旺方招祥瑞，帝旺倒流定主凶。盖房君臣须搭配，君臣搭配乃安宁。

吉水入库库西好，库东多有邪事生。只因出水往西走，犯了半幅掀裙名，

① 笔者注：在上述三十则中，大部分内容值得学习和参考。至于其中涉及鬼怪的部分，已经有迷信和神秘色彩，笔者未必苟同。有兴趣的读者可以自行研究并加以判断。

库北盖座菩萨庙，镇宅才能得安宁。右砂白虎微昂起，断此庄内武功名。

左砂青龙八字水，文笔道正文风隆；门口怕有反弓水，父子分离各西东，

门口怕有道嘴顶，逐日吵吵不安宁；门口怕有八字水，分离无归出丑名，

对门若有聚水处，两肢环抱入水中；此名回龙来探池，却主发福旺人丁。

坤地若是土高厚，正房受了西北风，此为阳宅阴气盛，宅中时时见鬼形，

纵有吉人压不住，此宅须要改调停；若将坎门改一改，水中左来是吉星。

门口若有飞沙重，门前蒙望出贱星；巳地亦忌土高厚，遮了太阳祸不同，

莫道此宅不能住，改成坤门即亨通。门前若有十字道，冲着门口定不宁，

再犯五鬼闯进院，其凶愈甚祸重重。宅前有场为脑盖，左右有湾若眼睛。

阳宅阴盛主离散，更怕岸北三尖坑。若要此宅有救法，左右两湾俱填平。

正南凿成偃月样，正北多栽树几层。把道毁了十字样，可保此宅无灾星。

直道最忌对门口，犯了明箭定主凶。迎着明箭盖座庙，道北两旁具平平。

此是朝阳一面庄，若是两面看水情，水势环抱宅基好，四局类推一般同。

五　阳宅入门断

凡至人家，先看其屋宇大小，气色盛衰，家道之兴旺，人丁之否泰，

一动一静，务要细加详察，自然决断如见，亦在临时应变，不可执一而论。

初入人室，如主人相卯迎，必先观其面上气色，宅中景况，门前物类，然后细细参断，百无一失，务在神而明之，易于通晓。

凡至人家，如屋宇低，主艰子嗣，多生女，并人灾财薄。

凡应厅堂高大，堂屋低小，鹊噪争鸣簷畔，主出寡居及家财有更，事业颠番。

凡至人家，有冷气黑气冲人者，主孤寡败家，有疾病之人。有黄气紫气旺相者，主得横财及发贵。

初进门，似乎寒气侵人，及观室中空大，四顾萧然，其室必有鬼怪，夜闻常有响动，更兼财来财去，不能积聚。

初入门时，旺气腾腾，人声嘈杂，其声中暗伏欢悦之象，主人强、财旺、使益绵延。

门前开旁有桑树主出寡。屋斜屋边有独树，主鳏居，刑长子。

门前有大碓，主胎落，更兼且疾，年年有火煞加临，更惹灾祸，与碓者，应也，偏者少准。

断一家必出忤逆之子，弟兄不睦，姑嫂相争，问之，果有，盖因他家门前种一孤树，生双枝冲夫，树根透露，以此决之。

墙门在大树空心，主妇人生劳疾，服药无效，除去此树，此病自愈。

如入人家，有枯木入墙，固主手足伤残，有瘟疫，少亡之应，活树入墙，主官灾诘讼疾病骏杂之患。①

六　相宅经注

经云：明堂润，子孙尽豁达；明堂宽，代代做高官。

门前有直路，代代损家主。门前有破屋，名唤作牢狱。

门前有小屋，常要损六畜。门前有大树，六畜损无数。

---

① 笔者注：上一节介绍了“望门断”，本节介绍的是“入门断”，二者可以相辅相成。

门前一叶竹，妇女尽啼哭。门前有大树，家门出寡妇。

门前两株树，自吊女人死。门前藤绕树，自缢无人顾。

门前有桥屋，父子不和睦。门前岸如湾，富贵足容颜。

门前有湾水，富贵应难比。门前路如勾，代代被人偷。

门前水路冲，子孙悖逆不善终。门前墓相对，夫妻不睦叫相背。

门前有圆池，唤作当胸槌。屋边水环绕，仓箱应不少。周围四相抱，富贵多珠宝。青龙上有溪，名讳在皇都。青龙若平冈，富贵足千箱。

注：屋宅人宅，欲左有流水，谓之青龙；右有长道，谓之白虎；前有污池，谓之朱雀，后有邱陵，谓之玄武，为最贵地。

七水局歌

申子辰局左旋龙，紧接前歌说分明：帝旺最宜从西走，转入庄内往东行。

戌地来水冠带进，申地来水是长生，子地来水断他好，亥地来水亦有情。

看您大路是小路，君臣大小分个清。申地来水人丁枉，子地来水有功名。

门前方圆湾湾富，财星大旺在门东。庄中若有南北路，顶着横路即为丁。

盖个倒坐观音堂，迎着名箭俱平平。帝旺入宅虽然好，也有吉来也有凶；

水头若往庙西拐，庙西人家福禄丰；道东人家背了水，人亡家败有臭名。

水头若往庙东拐，庙东人家气运通。生旺二水锦堂进，定住人才喜文明。

道西人家大不好，破家落产定受穷。虽然阳气往下降，阴气闪闪不能成。

闺中老幼不知耻，私与人家通风情。按下道西且不论，顺着庄内往东行，

申子辰局坤门好，坤地留门迎长生。若是再得长库水，大发财源旺人丁。

仓库福门且莫远，仅仅只在大门东。库东人家甚不好，仔细说来与人听：

门口出水往西走，掀裙半幅了不成；西流更冲长生地，想生子孙万不能。

这家妇人心理亏，因为无子与人通；虽然私通有了子，臭名在外败门风。

庄中大事已断定，在将胡同明一明：申子辰局西门好，朝东留门定受穷。

只因向着顺水沙，里往外推有何情？门口有湾要团聚，最忌湾如三角形。

长生财位怕大井，做井坤住少人丁。胡同后边怕象万，丁来有并主淫风。

庄西若是将窑立，烧了脉根祸不轻。分清水口方有准，始知此法说的清。

八火局歌

庄运火局乙木龙，左旋阳水归戌宫，帝旺喜从偏处走，留门又宜丙合丁。

门前湾忌三尖象，丙火一未必主凶。道路若是对门口，犯了明箭祸不轻。

迎着明箭盖座庙，土地菩萨孔圣通，宅西可凿一个湾，来长去短归此坑。

庙西人家断他好，人丁兴旺又文明；湾西人家抗不住，遇住疾病故受穷。

坑北盖座三官庙，改个兑门即亨通。取他阳宅后边硬，湾满水出过门庭。

下稍变局不用论，再改上边丙合丁。堂局水来看得正，门前怕有靴脚坑。

院中若是土高厚，人亡家败最伤情。院中水若出巳地，宜接帝旺归戌宫。

若是水口出未地，既主退财又主凶。午地若是退了水，冲破帝旺了不成。

也算犯了口舌病，闺中妇女必不清。此是火局一正格，再论火局横骑龙。

一条大脉东西饰，东西安庄即此名。脉前居住还须好，脉后居住为坐空。

入座先从胡同断，胡同北头说分明：留门须要就水口，能就水口即财星；

后边留门向艮地，艮地来水是长生。水从北绕归戌库，此家累累有人丁。

东边再有南北路，水自南来抱门行，门前得了生旺水，兴家立业在掌中。

若是帝旺腿了水，定伤当家主人翁。艮地若是大个井，破损人丁主绝丁。

胡同北头以此定，再论后边半胡同：西边留门向艮地，水自南来定真情。

流出门来向西转，西转具是火局形。此家虽然断他好，有了人来多豪横。

何故出人主如此？门前靠定白虎硬。东边留门向乾地，犯了绝门祸亦生。

朝西门口都不好，对着顺水必受穷。前高后低　死病，又主寡妇与丑名。

房前左右留出路，水从西边往西行，此为犯了天吊水，无故自缢把命坑。

胡同后边东西道，胡同顶着即为丁。丁字夹里有个井，断她淫妇一胡同。

胡同西边断他好，辰地留门是吉星。门迎冠带算得水，左边又得靠青龙。

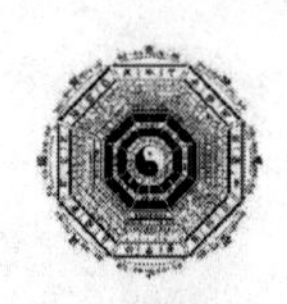

东旁留门向兑地，出口门口往西行。西去不唯家业败，又犯半部掀裙风。

欲具此宅有法救，垒了西门走丙丁。丙丁火局一旺向，劝君牢牢记心中。

时师不晓阳宅诀，误了人家损阴功。千里坟茔掌中存，月将加时寻日辰。

寅申巳亥发长者，辰戌丑未少年人，子午卯酉不善死，投河服毒自吊身。

到阳本是男子汉，到阴便是女人身。此是千里埋父法，男起天干女地支。

九 金局歌

大凡看地先寻龙，水从龙脉是真形。金局龙脉自左转，左水环右出丑宫。

酉属帝旺未冠带，申是临官具吉星。午水沐浴须避忌，犯着庄内有淫风。

迎着盖个土地庙，镇着沐浴即平平。前边端正庄运好，就他门户断吉凶。

第一吉门宜向巳，巳乃吉门之长生。午地留门不大妥，沐浴进堂坏门风。

冠带未门改一个，水聚门前即财星。申门临官来堂酉，前面端正主文明。

酉地留门迎帝旺，帝旺进堂有官星。戌地向衰寡难免，乾门对病病疾生。

坎门相死死相继，艮门向绝绝人丁。还是卯门走一个，巳水缠门却有成。

若开辰门金局变，走此一门即亨通。若是酉门退了水，冲破帝旺伤功名。

若是巳地退了水，冲破人丁无人丁。酉水巳水都续进，庄运时时得安宁。

前是金局龙怀抱，再论金局横骑龙：横骑形式前已言，按下形式论胡同。

胡同两头分流水，从此断他吉和凶。前头居主得脉护，后头无脉必受穷。

欲住此宅须得水，前后有水是救星。两水夹来归丑库，走个丑门乃亨通。

虽然不得飞龙救，也取许他利兴丁。顺着胡同往里走，后边胡同看道东。

若是西边不算正，虽有饭吃不安宁。何故此宅主不好？只因无护受了风。

北头东道如此断，西边到底费调停。让他辰门向养向，辰地留门也无情。

门南靠定白虎硬，门北无护为受风。水出胡同归艮地，眼见出水撇裙名。

胡同顶着丁字库，丁夹有井丑事生。不论北头论南头，东北坤门算有情。

微嫌也是右边硬，出入不免多豪横。按下东边论西边，总是辰门也难通。

又因山重水深重，老翁长子不够精。阴阳不交无生气，斩丁绝嗣又受穷。

东南若有聚水处，巳地来水聚池中。改了辰门走巽门，既有财帛又有丁。

若是巽地有个井，犯了地哭无救星。胡同前后已断定，再讲此庄一当中。

当中有条南北路，庙前南头最有请。庙前有湾能聚水，庙西人家福重重。

高明先生来一个，能将风水偷个净。东边丑地掘个坑，撤了库水入道中。

引着旺水从门过，转入东北归丑宫。道东即将酉门改，得了旺气即发兴。

让他道西功名盛，万贯家财一时倾。巳酉丑局水须记，千万莫用一火星。

西头盖座官帝庙，烧断脉根获不轻。来踪去归都须有，自要细心审的清。

十 木 局 歌

自北向南左旋龙，右水湾环至未宫。一条大街通南北，两面人家分西东。

卯水就从北头走，亥地来水是长生。道东留门向乾地，粘着亥心得安宁。

若是亥地退此水，订立万计一时倾。东边阳宅还了事，西边人家福重重。

水退亥地金局变，西边巳门最有情。虽然得水财星旺，宅后无护少寿星。

若是龙脉从左转，水必抱西不抱东。道西卯门为上吉，卯乃木局帝旺兴。

未地有坑是财库，方显卯门开的精。门口道路要端正，最怕形式反为弓。

若是留门向辰地，对着衰地定受穷。若是卯地退了水，冲破长生绝人丁。

一言以蔽要得水，得水即是富家翁。木局最怕八字水，旺方有坑八字名。

深坑里头有水大，满天群浴乱哄哄。坑水若是向北流，北头人家不堪闻。

男赌女淫难说尽，此为杂乱水不清。街中最怕立闹市，众人洒尿污水冲。

此水名称杂花水，流到门口主淫风。北头盖座三官庙，镇着沐浴才能平。

中间盖座关帝庙，需要座西面向东。不但可破杂花水，木能生火出武星。

道西阳宅虽得水，留门方位要审清，辰门向衰穷难免，巳门对病病疾生。

离门相死死相继，未门向墓不安宁。卯门退水功名坏，亥地退水少人丁。

按下道西再断东：东边留门犯调停。路东门口向兑地，前边蒙头出贼星。

只因龙来向左转，做空向高该主凶。大凡阳宅堂星大，须修楼房乃安宁。

堂大不将高楼盖，阴气过盛住不成。高楼须忌钟楼象，犯了此忌伤人丁。

虽修土房亦要正，门走旺方是吉星。北方顶梁南房口，南房之人悬梁死。

南方顶梁北房口，北房屋里祸亦同。东西两房也要忌，修房之时要审清。

梁头若将桑子镔，定桑当家主人翁。盖房须忌车上木，车木上房主邪风。

碾宜绝地磨宜衰，厕所不能在吉宫。牲口宜在临官地，东房门口要记清。

若对东房正门口，棚中牲口多病生。人能识此依此诀，走遍天下称明公。

十一　十字街

十字街道好人烟，论他兴衰也不难。按定乾艮巽坤位，牢把水口记心间。

假如龙尾见坤位，龙脉右旋水左缠。巳地来水长生进，酉地来水到门前。

艮方留门向西好，水归戌地是财源。再得门前书案正，福禄双全升高官。

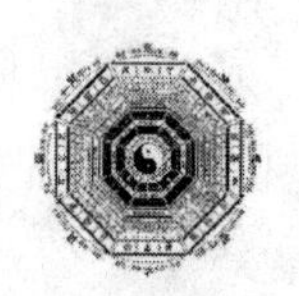

库东居住大不好，人亡家败不堪言。库北盖座镇武庙，还是库东救命丹。

昔年犯了反弓水，总得庙镇也难全。若是酉地退了水，艮地出丑坏根源。

还是乾方福气大，变为木局得安然。巽方酉门不堪走，改个艮门不相干。

只为变成一火局，木能生火该安然。坤地若把巳门立，变个金局得安然。

艮地酉门怀了事，垒了酉门走正南。若是水库出卯地，乾上东门也不全。

也该变为一水局，垒了东门走西南。坤上巳门也坏事，就旺财丁坎门安。

阳宅秘诀无别说，总是水绕注门前。四局八龙水有变，二十四相变得全。

东西南北仔细审，神而总之在人焉。

十二　杂记歌

脊兽不可对门口，无头树为哀杖名。湾如担形必退财，坑树对门也主凶。

左右石灰必不好，油坊且忌吉星宫。生方栽树定不吉，家有臭椿绝人丁。

庙宇前有影背墙，抱厦悬门旁主凶。垒了那边那边好，不如去了更亨通。

庙座庄里方有验，不可前为聚水坑。申子辰局走巽门，东房南头南房东，

耳房按碾镇此地，只恐阴气邪冲生。正房两头总挂耳，挂耳即为招丧名。

倒座雁尾背不好，三合四合乃安宁。西厢后有小北屋，太阳不照亦主凶。

坤方挂上生气鼓，投井自缢有灾星。水局坤屋巽方位，若有挂尾却安宁。

大门前有闲地方，屋小门大多无情。井对门口为挖胎，丙丁年上主大凶。

子孙方位怕做井，退散家财又绝丁。长生有湾有一理，青石镇着得安宁。

湾嘴若似水簸箕，对着门口定主凶。水必须流才算好，若是逆水出丑名。

门前有坟主眼疾，房旁东屋主臭名。庙中挂钟对卦位，若反卦位出邪风。

放井庄内不宜挂，挂钟定主人心疼。家庙宜在小口里，若在长生必不宁。

庙前庙后须要忌，主庙之时要审清。三官镇武皆属水，菩萨金衣亦木名。

土地龙王各有属，关帝即是一火星。庄中盖庙局相合，若是错了主也凶。

十三 《望门断》

门高胜于厅，后代绝人丁。门高胜于壁，其家多哭泣。

注：门是房屋的出口，如门以人体为譬喻，门等于房屋的咽喉，故非常重要。门太小，出入不便，门过于高大，在宅相学来说，也非吉相。所以门的大小，要适中，并顾虑到出入方便，不可为了摆门面，而把门做成特大，否则对家庭运、子女运，都是不好的。

门边土壁要一般，左大换妻要遭官。右边或大胜左边，孤苦儿孙常叫天。

注：门两旁的墙壁要一样高，不可一边高一边低。如果左边高大，右边低小，对妻子不利，而且有官讼是非。如果右边高大，左边低小，则对夫妇、子孙都不吉利。而且，一边高一边低的墙壁，给人有不平衡的印象，在观瞻上也是不雅观。

门前壁破街砖缺，家中招病长不悦。枉死小口药无医，急要修整莫迟疑。

注：如果门边的墙壁破了，要赶紧修补。如果门上的砖瓦缺了，要赶快填加，这不但有关门的美观，而且会影响到家里人的健康和情绪，小儿枉死，医药无效。

门户中间有窟窿，灾祸事纠葛，家招论讼是非多，瘟疾定不瘥。

门板多破穿，怪异为祸端，定主破财产，修补免贫寒。

注：门板中间如果有了破洞，乃祸端的征兆，破财、灾祸、是非、官司、疾病、会接踵而来，要赶紧修补或换新。

一家若作两门出，鳏寡多冤屈，不论家中正主人，大小自相凌。

注：大门的进出，应该只有一个，如果一家开两个大门，做两边的进出，则这个家庭内部矛盾多，成员之间相互欺凌，家庭会四分五裂。

门柱不端正，斜欹多招病，家频祸又生，人亡空怨命。

注：门柱要竖立端正，这仅有关住宅的安全，而且对于宅中之人的健康、寿命、家庭运，都有关系。门柱如果竖立不端正、倾斜、偏欹，表示这个家开始衰退，住在里面的人也多招疾病，甚至死亡，可能还有其它灾祸发生，所以要赶快弄端正。

门柱补接主凶灾，仔细巧安排，上头自患中痨吐，下补脚疾苦。

注：门柱不可接补，这不但关系到住宅的安全，而且对于宅中之人的健康影响也很大。按照相宅经的说法，门柱如果是接补，表示有凶灾，门柱接补如果在上头，住的人多招眼目之疾；如果是中间，多主身体的疾病；如果在下脚，多主脚部的疾病。

门中户主窟廊多，灾祸事交化，家招刺配招非祸，瘟黄定不错。

门板莫令多柄节，生疮疔不歇，三三两两或成行，徒配出军郎。

人家天井置栏杆，心痛药医难更招。眼障暗昏蒙，雕花极悬凶。

门扇或斜欹，夫婿不相宜，家财常耗散，更防人谋欺。

注：门扇要装得端正，不可歪斜、倾欹，如果门扇装得歪歪斜斜，不但有碍观瞻，对其家的财运、爱情、事业，都有不吉利的影响。

莫作仰供装，此物不为祥，两边相指或无言，诉讼口交争。

两家不可门相对，必主一家退。开门不可两相冲，定主一家凶。

注：如果两家相对面，开设大门时要注意，不可正对相冲，否则，

两家中必有一家遭到衰退命运或有凶险之事。

一家不可开二门，父子没义恩，必招进舍嗔门客，时师须会职。

注：一家不可开两个一样大的大门，这样对该家会有不吉的影响。客人来了会觉得奇怪，住在家里的人也不安。这里指的是大门，如果开一个大门，一个小的边门，自然无妨。

斤屋两头有屋横，飞祸起纷纷，便曰名为抬丧山，人口不平安。

当斤当作穿心梁，其家定不祥，便言名曰停丧山，哭泣不曾断。

门外竖栏杆，名曰纸钱山，家必多丧祸，栖惶贵可怜。

人家相对仓门开，断定有凶灾，疯疾时时不可医，世上少人知。

有路行来似铁叉，父南子北不宁家。更言一拙诚堪拙，契卖田园难免他。

注：门前的路，如果像铁叉那样对冲着门，对这个家很不好，会造成父子不和，家庭不安，典卖祖产的后果。

故身一路横哀哉，屈屈来朝人蛙蛇。

路如牛屋不相如，头尾翻舒反背多，父子相离真未免，妇人要嫁待如何。

方来不满破分田，十相人中有不全，成败又多徒费力，生离出去凯来还。

四方平正名金门，官足田园粮万顷。离墙回环无破陷，年年进益添人口。

注：如果建住宅之地四方平正，这是金斗吉地，是发财的好地理。若再加上房子围墙完整美好，则可保年年财源滚滚，喜庆连连。

一重城抱一江缠，若有重城积钱财，虽是荣华无祸患，句宜抱子度晚年。

品岩嵯峨似净瓶，家出素衣僧。更主人家出孤寡，官吏相传有。

路如丁字损人丁，前低荡去那堪行。或然平生犹轻可，也主离乡亦主贫。

土堆似人拦路低，自缢不由贤。若在田中却是吉，名为印绶保千年。

若见门前七字去，断作辨金路。其家富贵足，钱财金玉似山堆。

门前土墙如曲尺，进契人家吉。或然曲尺向外长，妻婿哭分张。

左边行带事亦同，男人效病手拍尽。牛羊六畜空费力，虽得钱财还

是空。

门前有路如员障，八尺十二数。此窟名为陪地金，旋渐入庄田。

门前土堆如人背，上头生石出徒配。自他渐渐生茆草，家口常忧恼。

路如衣带细参详，岁岁灾厄及位尝。自叹资身多耗散，频频退失亦凄惶。

前街玄武入门来，家中常进财。吉方更有潮水至，富贵进田财。

路如烛焰胃长能，可叹其家小口亡。儿子卖田端的有，不然父母也投焰。

右边墙路如斜出，时时叫冤屈。怨嫌无好丈夫，儿代代出生离。

门前行路渐渐小，口食随时了。或然直去又低垂，退落不知时。

注：如果宅门前的路，越去越小，表示其家将会坐吃山空，前途没有什么希望，衰败不知何时即将到来。

屋前行路渐渐大，人口当安泰，更有朝水向前来，日日进钱财。

注：如果宅门前的路，越去越大，表示前途远大，其家未来有大展鸿图的吉象，如果再配合水路有情，朝向其家而来，那是财源滚滚而来的大吉之相。

路若源流水并流，庄田千万岂能留。前去若更低低去，退后离乡好手游。

门前行路如鹅鸭，分明两边看。或然又如鹅掌形，口舌如报鹊。

门前腰带田路大，其家有分解。围墙门畔更回环，名曰进财山。

翻连屈曲名蚯蚓，有路如斯人气紧。生离未免两分气，损子伤妻家道罄。

门前石面似盘平，家富有，声名两边来从。进宝山，足食更清闲。

右面西方高，家里产英豪。浑身斧凿成，其山出贵人。

注：若住宅的右面（西方）高起，表示其家会出英雄人物。如果高起来的地浑然成山，那么一定出贵人。

有路行来若火勾，其家退落更能偷。若还有路从中入，打杀他人未肯休。

一来一往似立幡，家中发后事多般。须招口舌重重起，外来兼之鬼入门。

门前见有三重石，内人坐睡直。定主二夫共一妻，吞月养春宜。

排算虽然路直横，须教笔砚案头生。出人巧性多才学，池沼为财轻富荣。

双桃门前路扼精，先知室女有风声。身怀六甲方行嫁，却笑人家浊不贞。

十字路来才分谷，儿孙手艺最为能。虽然温饱多成败，只因嗜好卖己虚。

屋边有石斜耸出，人家长仰都。定遭风疾及贫困，口食每求人。

路如人字意如何，兄弟分离隔用多。更主家中红焰起，定知此去更无情。

路来重曲号为州，内有池塘或石头。若不为官须大富，侵州侵县置田时。

石如酒瓶样一般，楼台田满山。其家富贵一求得，斛注使金银。

石如虾蟆草如根，怪异入厅堂。驼腰背曲家中有，生子形容丑。

注：如果住宅周围堆满了像虾蟆的石头，像树根的蔓草，表示这家会有怪异的事发生，而且住在里面的人，都是一些弯腰驼背，面貌丑陋的人。

枪户一路两交加，室女遭人杀。可睡从行夜好，家内乱男入，致效也因他。

四路直来中间曲，此名四兽能取禄。在象更觉一刀砧，文武兼全俱皆足。

城外有石似牛虾，山成堆。庭园更有，水在丑方出，六畜自兴旺。

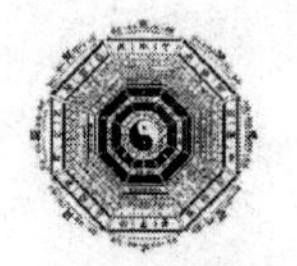

第三节 住宅宜居环境宜忌规则补遗

一. 家宅中央不宜安置厕所，有则大凶。

二. 客厅中杂物不宜过多。

三. 家内不宜有拱门，灯具尽量采用以象征圆满的圆形艺术灯具。

四. 床头不宜朝西方。

五. 床铺忌有“挑梁”，也就是横梁压床。

六. 神位忌安置在厕所或厨房厨房门口及旁边。

七. 床下不宜堆积杂物。

八. 镜子或化妆台镜面，不宜正对床铺。

九. 床头柜上不宜放置音响或高物。

十. 小孩房间设计上不宜采用三角形空间隔局。

十一. 房间内不宜摆设钢琴、计算机、水族箱。

十二. 卧室床头不可紧贴厨房。

十三. 床上方不宜有日光灯，灯刀横摆。

十四. 卧室门宜开在左边。

十五. 厨房门忌与厕所或房间门相对。

十六. 厨房门忌与前后大门相对。

十七. 厨房内不宜设置餐桌进食。

十八. 炉具后不宜有井或抽水机。

十九. 炉具不宜建在排水沟上。

二十. 家宅西南方不宜当浴室或起居室。

二十一. 家宅中央忌建楼梯。

二十二. 家内地坪不宜后低。

二十三. 家宅四周不宜种桑树。

二十四. 家正门前不宜有树木。

二十五. 家前后门不宜贯穿。

后 记

撰写本书的过程是笔者重新学习古传风水理论的过程，也是重温多年来勘察宜居环境的案例的过程。还是对在现代社会出现的，而在古代所没有的环境因素的研究、探讨和延伸的过程。因此，撰写本书是一举三得，受益良多。

任何一门理论只要不是那些宣扬鬼神迷信、甚至属于邪教范畴的东西，而且在现实社会中有合理的需求，那么一定有它存在的理由，而且由于社会的发展，它也会继续发展。

在历史的长河中，由于人类所掌握的科学知识的局限性，对不可知的许多现象无法解释，最终归结为是神或者鬼的意志，这显然是不科学的。虽然近年来时有听说有些人在研究另一个世界的问题，但迄今为止还没有任何铁证能证实有另一个世界，并且确实存在着鬼神。但是，最佳的生存、宜居环境，是人类自古以来一直在追求的。在中国古代，一批学者和先哲探索研究出一套风水理论体系。在现代，由于人类对大自然的过度开发，使得人类的生存环境日益恶化。因此人们对环境保护越来越重视。并且形成了新兴的环境保护理论体系。笔者认为，可以将这些环境保护理论解读为现代风水理论。从这个意义上说，不应该全盘否定古代风水理论。只应该剔除其中的糟粕，并吸取其中的合理部分，不能在倒洗澡水的时候将盆中的孩子一起倒掉。

本书介绍的宜居环境的理论、规则或者方法来自古传风水理论中笔者认为合理的部分，其中许多内容在笔者的实践中得到了验证。由于社会的进步和发展，对古传风水理论中没有的规则进行探索和延伸的结果。但是，笔者需要强调的是，对于中国传统文化的任何一个领域中的理论、规则和方法体系都应该理性地学习、研究和运用，它们不是绝对的。如果将它们绝对化，就会走入迷信的误区，会误导自己。它们也不是一成

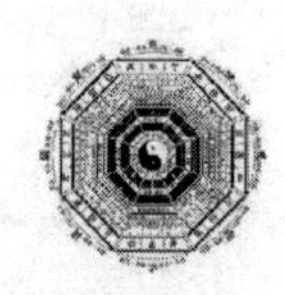

不变的，读者自己应该并且可以继续研究、完善和发展它们，否则会因为风水理论从来就没有统一的标准，各个流派众说纷纭而“人云亦云，不知所云”，导致读者无所适从。

笔者不是江湖上那些职业风水师，因此，既庆幸又遗憾。

庆幸的是，由于笔者没有了以看风水作为谋生手段的经济需求，只作为一门学问去研究会比较客观理性。

遗憾的是，由于笔者只是一个业余研究者，因此实践的机会明显不足，缺少更多的实例去验证更多的古传理论和规则。当然，笔者不会因此而改行成为一个职业风水师。

与前两本书一样，笔者在此要感谢出版社、朋友和家人对撰写本书的鼓励和支持。

2014 年 8 月于南海之滨